电力电子新技术系列图书
电力电子应用技术丛书

电力电子装置建模
分析与示例设计

李维波　编著

机 械 工 业 出 版 社

本书把典型电力电子装置的数量关系与仿真模型的构建方法整合起来，涵盖了整流装置、逆变装置和直流斩波装置的建模分析与示例设计。并以一个刚刚从事研发的工程师视角出发，进行原理分析、参数计算、建模设计，在素材遴选、内容编排方面，避免晦涩，凸显易懂。本书将涉及的 Simulink 基础知识、常规建模方法与基本流程知识，融入到典型电力电子装置的建模中去，既阐释了功率器件的选型方法、分析步骤和参数计算理论等，又结合工程实践，根据入门基础、经验技巧、设计案例和心得体会等不同层面，进行归类、凝练和拓展。本书力求做到理论与实践相结合，既有理论设计、分析与计算（含仿真验证），又有实践与实战的拔高。

　　本书适合刚从事电力电子装置研发的工程师及相关专业的研究生和本科生阅读。

图书在版编目（CIP）数据

电力电子装置建模分析与示例设计/李维波编著. —北京：机械工业出版社，2021.6

（电力电子新技术系列图书. 电力电子应用技术丛书）

ISBN 978-7-111-68591-3

Ⅰ.①电⋯　Ⅱ.①李⋯　Ⅲ.①电力电子器件–系统建模　Ⅳ.①TN303

中国版本图书馆 CIP 数据核字（2021）第 130428 号

机械工业出版社（北京市百万庄大街 22 号　邮政编码 100037）
策划编辑：罗　莉　责任编辑：罗　莉
责任校对：张　征　封面设计：马精明
责任印制：郜　敏
北京盛通商印快线网络科技有限公司印刷
2021 年 10 月第 1 版第 1 次印刷
169mm × 239mm · 13 印张 · 266 千字
0001—2000 册
标准书号：ISBN 978-7-111-68591-3
定价：69.00 元

电话服务　　　　　　　　　　网络服务

客服电话：010-88361066　　机　工　官　网：www.cmpbook.com
　　　　　010-88379833　　机　工　官　博：weibo.com/cmp1952
　　　　　010-68326294　　金　书　网：www.golden-book.com
封底无防伪标均为盗版　　机工教育服务网：www.cmpedu.com

第 3 届
电力电子新技术系列图书
编 辑 委 员 会

电力电子新技术系列图书
序言

1974 年美国学者 W. Newell 提出了电力电子技术学科的定义，电力电子技术是由电气工程、电子科学与技术和控制理论三个学科交叉而形成的。电力电子技术是依靠电力半导体器件实现电能的高效率利用，以及对电机运动进行控制的一门学科。电力电子技术是现代社会的支撑科学技术，几乎应用于科技、生产、生活各个领域：电气化、汽车、飞机、自来水供水系统、电子技术、无线电与电视、农业机械化、计算机、电话、空调与制冷、高速公路、航天、互联网、成像技术、家电、保健科技、石化、激光与光纤、核能利用、新材料制造等。电力电子技术在推动科学技术和经济的发展中发挥着越来越重要的作用。进入 21 世纪，电力电子技术在节能减排方面发挥着重要的作用，它在新能源和智能电网、直流输电、电动汽车、高速铁路中发挥核心的作用。电力电子技术的应用从用电，已扩展至发电、输电、配电等领域。电力电子技术诞生近半个世纪以来，也给人们的生活带来了巨大的影响。

目前，电力电子技术仍以迅猛的速度发展着，电力半导体器件性能不断提高，并出现了碳化硅、氮化镓等宽禁带电力半导体器件，新的技术和应用不断涌现，其应用范围也在不断扩展。不论在全世界还是在我国，电力电子技术都已造就了一个很大的产业群。与之相应，从事电力电子技术领域的工程技术和科研人员的数量与日俱增。因此，组织出版有关电力电子新技术及其应用的系列图书，以供广大从事电力电子技术的工程师和高等学校教师和研究生在工程实践中使用和参考，促进电力电子技术及应用知识的普及。

在 20 世纪 80 年代，电力电子学会曾和机械工业出版社合作，出版过一套"电力电子技术丛书"，那套丛书对推动电力电子技术的发展起过积极的作用。最近，电力电子学会经过认真考虑，认为有必要以"电力电子新技术系列图书"的名义出版一系列著作。为此，成立了专门的编辑委员会，负责确定书目、组稿和审稿，向机械工业出版社推荐，仍由机械工业出版社出版。

本系列图书有如下特色：

本系列图书属专题论著性质，选题新颖，力求反映电力电子技术的新成就和新经验，以适应我国经济迅速发展的需要。

理论联系实际，以应用技术为主。

本系列图书组稿和评审过程严格，作者都是在电力电子技术第一线工作的专家，且有丰富的写作经验。内容力求深入浅出，条理清晰，语言通俗，文笔流畅，便于阅读学习。

本系列图书编委会中，既有一大批国内资深的电力电子专家，也有不少已崭露头角的青年学者，其组成人员在国内具有较强的代表性。

希望广大读者对本系列图书的编辑、出版和发行给予支持和帮助，并欢迎对其中的问题和错误给予批评指正。

电力电子新技术系列图书
编辑委员会

前　言

电力电子装置除了电力电子器件及其驱动系统之外，还包括有多种传感器及其调理电路、通信电路、控制电源、保护电路等，它既牵涉到强电（如主回路拓扑中的功率器部件），又牵涉到弱电，当然还牵涉到与弱电的接口部分（如触发及其控制单元）。因而，作为一个研究与开发电能变换装置的工程师而言，需要既熟悉强电部分，还要了解控制、传感信号处理、通信网络处理等多个学科领域的技术。这对于一个刚刚从事该行业的开发者来讲，需要掌握的知识还是非常多的。

研发经历告诉我们，对于一个或者一套电能变换装置的研发来讲，其大致步骤是：分析需求→建立拓扑开展主功率回路设计→筛选合适功率器件（含驱动保护）→关键性器部件参数计算→搭建仿真模型进行初步验证→电路设计（包括强电功率驱动与保护电路设计、弱电检测电路设计、传感器选型等）→控制策略制定→制版与安装→编程调试等一系列研发历程。其中，搭建仿真模型虽是研发之初，但是，其作用却非同寻常——承上启下，既对前期的拓扑合理性、功率器部件选型进行斧正，又对部分参数（如开关频率与滤波参数、热损耗等）进行验证性微调。

调研发现，当前介绍电力电子技术方面的文献较多，将典型电能变换装置的拓扑分析、参数计算与仿真建模有机结合起来，系统性介绍的文献还是太少。类似图书在某个章节为讲授某个拓扑会引入仿真建模方面的内容，并不会有针对性地对拓扑分析、参数计算与仿真建模三个方面耦合起来介绍。如果能够将典型电能变换装置，实现拓扑分析、参数计算与仿真建模"三合一"介绍的话，势必会对相关领域的读者，特别是刚刚从事该行业的开发者，起到重要的辅导作用。

正是出于这方面的考虑，作者经过多次调研、反复思考，才着手编写本书，以期帮助读者朋友在较短时间内，以最快、最有效的方式，步入电能变换装置的设计与开发领域。

虽然作者有撰写好本书的良好愿望，把在从事电能变换装置系统开发与应用过程中所获得的拓扑原理分析、参数设计与模型搭建的入门基础、工程经验、设计技巧、应用案例和心得体会等重要内容加以归类、凝练和拓展。但是，鉴于电能变换装置的复杂性与特殊性，涉及的学科知识较多，要编好它，难度还是非常大的，这对作者来讲也是一个重大考验，需要韧性和耐性。值得庆幸的是，作者及其团队超过数十年一直奋斗在电能变换这个领域，不间断地从事着电能变换装置的设计、研发、制造与教学等工作，对应用于电能变换装置中的功率器部件的选型与参数设计计算、模型分析与搭建等，具有较为深厚的理论功底与实践积累，加之作者一直笔耕不辍，因此，具有编好此书的良好条件和必要基础。尽管如此，本书未必达到预期效果，敬请读者朋友不吝赐教！恳请同行批评指正！

本书能够较顺利地成稿，得到邹振杰、杨进之、罗佳程、曹义、金宇航、王潮、柯松、徐锦、柯浩雄、高佳俊、詹锦皓、刘玄、李齐、卢月和孙万峰等许多同志的无私帮助，也得到了审稿专家的悉心指导与热诚帮助，更是得到机械工业出版社各位编辑的大力支持，在此，一并对大家的辛勤付出表示最诚挚的谢意！

作　者

2021 年 2 月于馨香园

目　　录

第 1 章　MATLAB 及其 Simulink 基础知识

本书采用 MATLAB 的最新版本，即 R2020b，其正式发布于 2020 年 9 月 17 日。

1.1　MATLAB R2020b 概述

MathWorks MATLAB R2020b 是目前 MATLAB 系列软件中的最新版本。此外，该软件拥有数据分析、开发算法、创建数学模型等功能，用户可以通过它来分析各种复杂难算的数据，得到更加直观的图表，掌握数据背后的秘密，还可以使用内置的数学函数、工具来完成模型的开发。在编程方面，软件能用于改进代码质量，最大限度地发挥开发工具的性能，以及和 C、Java、.NET、Microsoft Excel 等完成相关函数的调用。

图 1-1 所示为 R2020b 的主界面。

在安装 R2020b 软件时，请取消选择组件"MATLAB Parallel Server"，然后选择所需的组件安装，如图 1-2 所示。

图 1-1　R2020b 的主界面

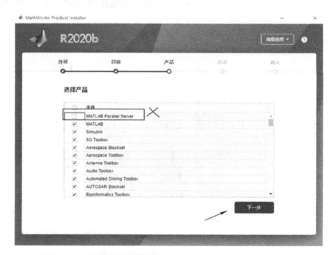

图 1-2　取消选择组件"MATLAB Parallel Server"

图 1-3 所示为 R2020b 启动后的窗口界面。

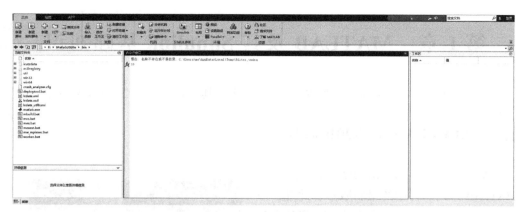

图 1-3 R2020b 启动后的窗口界面

1.2 Simulink 基础知识

Simulink®是一个模块图环境，用于多域仿真以及基于模型的设计。它支持系统级设计、仿真、自动代码生成以及嵌入式系统的连续测试和验证。Simulink 提供图形编辑器、可自定义的模块库以及求解器，能够进行动态系统建模和仿真。Simulink 与 MATLAB®相集成，这样不仅能够在 Simulink 中将 MATLAB 算法融入模型，还能将仿真结果导出至 MATLAB 做进一步分析。

图 1-4 所示为 Simulink 的窗口界面，其路径为 Simulink/Commonly Used Blocks。

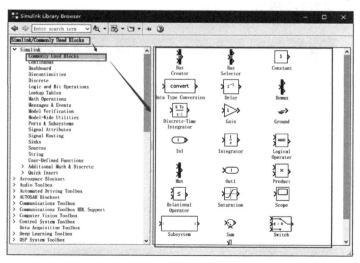

图 1-4 Simulink 的窗口界面

图 1-5 所示为电气元件的行为物理模型，其路径为 Simscape/Foundation Library/Electrical/Electrical Elements。

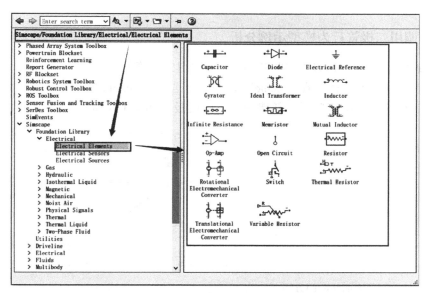

图 1-5　电气元件的行为物理模型

图 1-6 所示为电气元件的细节模型，其路径为 Simscape/Electrical/Specialized Power Systems/Fundamental Blocks/Elements。

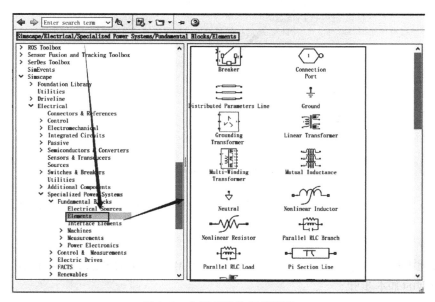

图 1-6　电气元件的细节模型

1.3 常规建模方法与基本流程示例

1.3.1 调用二极管行为模型示例分析

例1-1：如何在 MATLAB 的 Simulink 中调用二极管行为模型？

（1）打开 MATLAB，在"home"选项卡下选择"Simulink"，如图 1-7 所示。

（2）在 Simulink 菜单下，新建一个空白模板，如图 1-8 所示。

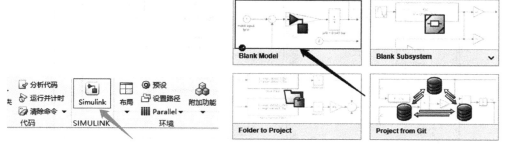

图 1-7 打开 Simulink 的方法　　　　图 1-8 新建一个空白模板

（3）单击 Simulink 的库图标，打开库文件列表，如图 1-9 所示。

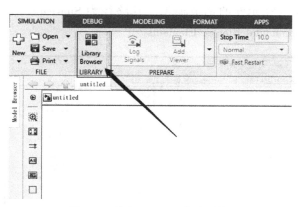

图 1-9 单击 Simulink 的库图标

（4）选择 Simscape/Foundation Library/Electrical/Electrical Elements，如图 1-10 所示。

（5）选择"Diode"，并拖拽到模板里面就可以使用了，如图 1-11 所示。

按照上述操作过程，非常方便地解决了在 MATLAB 的 Simulink 中调用二极管行为模型的基本步骤。

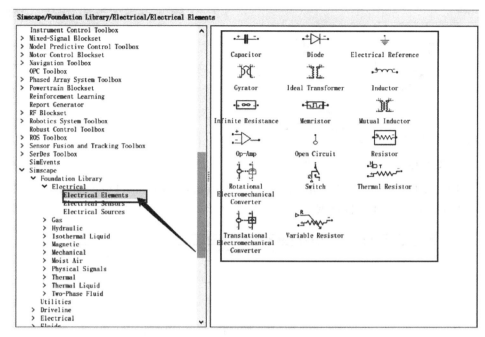

图 1-10　选择 Simscape/Foundation Library/Electrical/Electrical Elements

1.3.2　调用 IGBT 细节模型示例分析

例 1-2： 如何在 MATLAB 的 Simulink 中调用 IGBT 细节模型？

（1）打开 MATLAB，在"home"选项卡下选择"Simulink"，如图 1-12 所示。

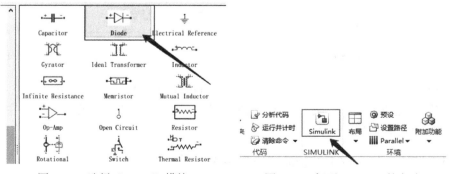

图 1-11　选择"Diode"模块　　　图 1-12　打开 Simulink 的方法

（2）在 Simulink 菜单下，新建一个空白模板，如图 1-13 所示。

（3）单击 Simulink 的库图标，打开库文件列表，如图 1-14 所示。

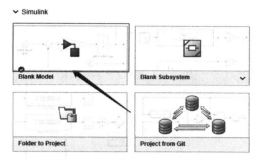

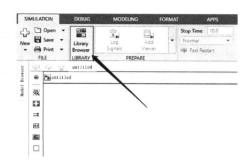

图 1-13　新建一个空白模板　　　　　　图 1-14　单击 Simulink 的库图标

（4）选择 Simscape/Electrical/Specialized Power Systems/Fundamental Blocks/Power Electronics，如图 1-15 所示。

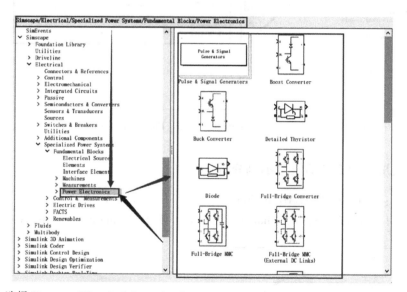

图 1-15　选择 Simscape/Electrical/Specialized Power Systems/Fundamental Blocks/Power Electronics

（5）选择"IGBT"，并拖拽到模板里面就可以使用了，如图 1-16 所示。

按照上述操作过程，可以非常方便地就解决了在 MATLAB 的 Simulink 中调用 IGBT 细节模型的基本步骤。

1.3.3　搭建三相全桥不控整流器模型示例分析

例 1-3：如何在 MATLAB 的 Simulink 中搭建三相全桥不控整流器模型？

图 1-17 所示为三相全桥不控整流装置的拓扑。假设输入线电压为 380V（有效值），输出额定功率 30kW，滤波电感 $L_m = 1mH$，滤波电容 $C = 4700\mu F$，下面讲解搭建整流器电源装置的建模方法与基本流程。

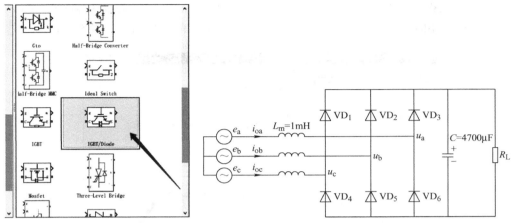

图 1-16　选择 "IGBT" 模块　　　　图 1-17　三相全桥不控整流装置的拓扑

分析：

（1）直流母线电压的表达式为

$$U_{dc} = 1.35 \times 380V = 513V$$

（2）不考虑整流器的效率，则负载电阻的表达式为

$$R_L = \frac{U_{dc} \times U_{dc}}{P} = \frac{513V \times 513V}{30kW} \approx 8.77\Omega$$

下面给出搭建整流器电源装置的建模方法与基本流程。现将不控整流器模型中各模块的调取方法简述如下：

（1）三相电源模块的调取，选择 Simscape/Electrical/Specialized Power Systems/Fundamental Blocks/Electrical Sources，选择 Three-Phase Source，如图 1-18 所示。

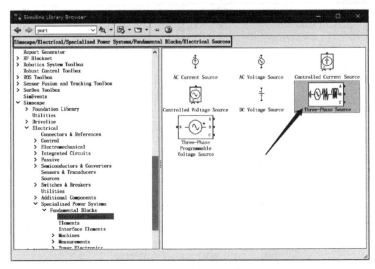

图 1-18　三相电源模块的调取

（2）三相RLC模块的调取，选择Simscape/Electrical/Specialized Power Systems/ Fundamental Blocks/Elements，选择Three-Phase Series RLC Branch，如图1-19所示。

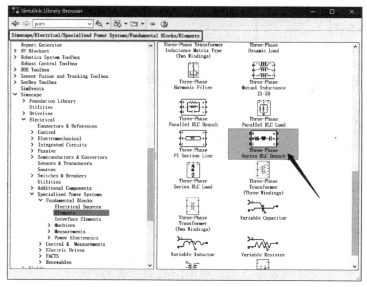

图1-19　三相RLC模块的调取

（3）通用电桥模块的调取，选择Simscape/Electrical/Specialized Power Systems/ Fundamental Blocks/Power Electronics，选择Universal Bridge，如图1-20所示。

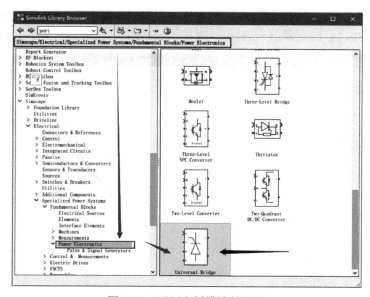

图1-20　通用电桥模块的调取

（4）电阻电感电容模块的调取，选择 Simscape/Electrical/Specialized Power Systems/Fundamental Blocks/Elements，选择 Series RLC Branch，如图 1-21 所示。

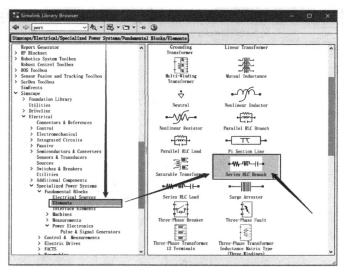

图 1-21　电阻电感电容模块的调取

（5）电压电流测量模块的调取，选择 Simscape/Electrical/Specialized Power Systems/Fundamental Blocks/Measurements，选择 Voltage Measurement、Current Measurement 和 Three-Phase V-I Measurement，如图 1-22 所示。

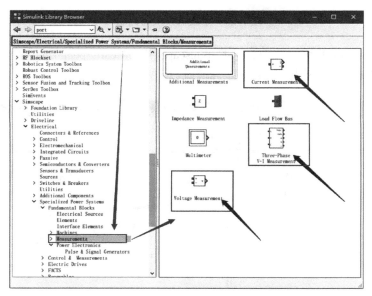

图 1-22　电压电流测量模块的调取

（6）示波器模块的调取，选择 Simulink/Commonly Used Blocks，选择 Scope，如图 1-23 所示。

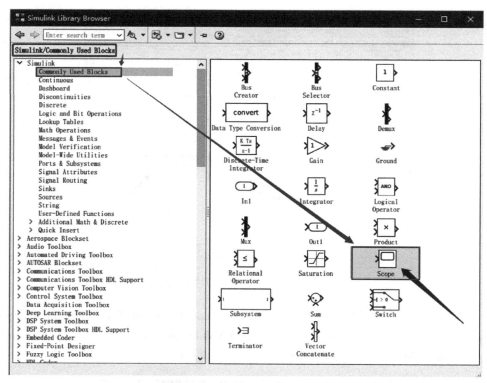

图 1-23　示波器模块的调取

（7）powergui 模块的调取，选择 Simscape/Electrical/Specialized Power Systems/Fundamental Blocks，选择 powergui，如图 1-24 所示。

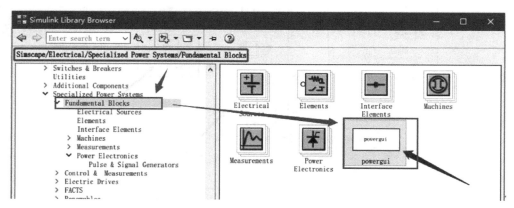

图 1-24　powergui 模块的调取

（8）设置各模块电气参数。

1）设置三相电源参数：线电压有效值 380V，频率 50Hz，如图 1-25 所示。

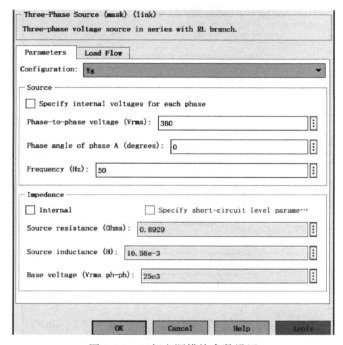

图 1-25　三相电源模块参数设置

2）设置三相电感参数：$L_m = 1\text{mH}$，如图 1-26 所示。

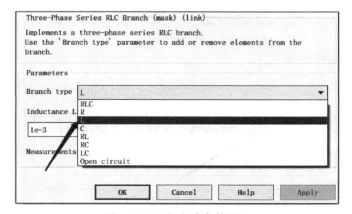

图 1-26　三相电感参数设置

3）设置三相不控整流桥模块的参数，如图 1-27 所示。

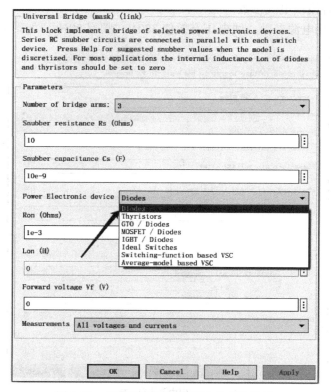

图 1-27　三相不控整流桥模块的参数设置

4）设置直流支撑电容参数：$C = 4700\mu F$，初始电压 500V，如图 1-28 所示。

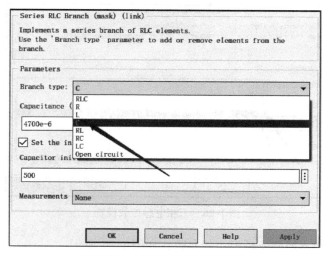

图 1-28　支撑电容的参数设置

5）设置电阻负载：$R_L = 8.77\Omega$，如图 1-29 所示。

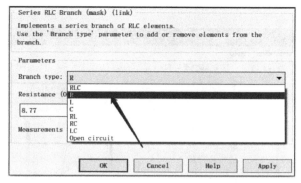

图 1-29　负载电阻参数设置

（9）获得不控整流电源装置的仿真模型，如图 1-30 所示。

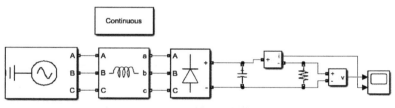

图 1-30　不控整流电源装置的仿真模型

（10）设置仿真参数及其仿真结果。

仿真模式采用连续型，仿真时间取 0.1s。

1）得到流过输入三相电感的电流仿真波形，如图 1-31 所示。

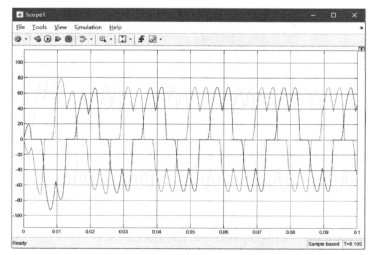

图 1-31　流过输入三相电感的电流仿真波形

2）得到加载在二极管的电压仿真波形和流过它的电流仿真波形，如图 1-32 和图 1-33 所示。

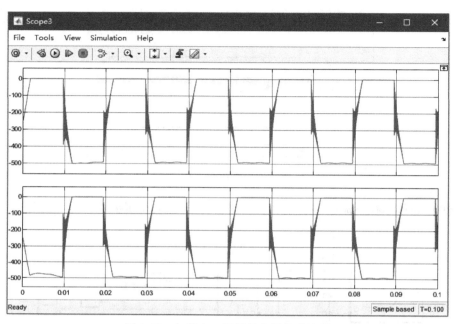

图 1-32　加载在二极管的电压仿真波形

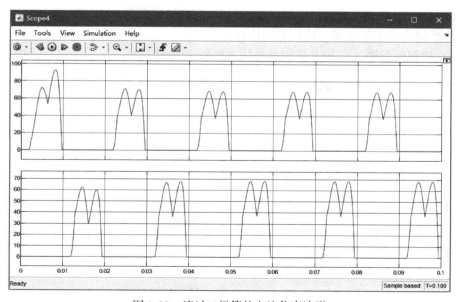

图 1-33　流过二极管的电流仿真波形

3）得到加载在负载电阻的电压仿真波形和流过它的电流仿真波形，如图 1-34 所示。

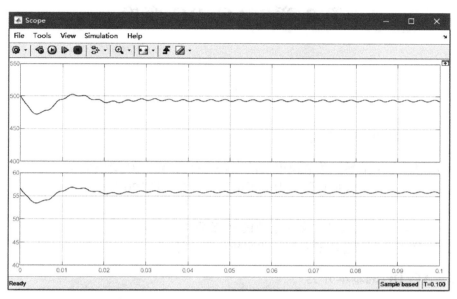

图 1-34　加载在负载电阻的电压仿真波形和流过它的电流仿真波形

第2章　AC/DC 变换

2.1　概述

2.1.1　AC/DC 的基本含义

凡能将交流电能转换为直流电能的电路统称为 AC/DC 变换电路，简称为整流电路。整流电路是出现最早的电力电子电路，从 20 世纪 20 年代至今已经历了以下几种类型：

（1）旋转式变流机组（交流电动机-直流发电机组）。

（2）静止式离子整流器和静止式半导体整流器。

2.1.2　AC/DC 的基本分类

整流电路有多种分类方法：

（1）按交流电源输入相数来分，可分为单相与多相整流电路。

（2）按电路结构来分，可分为半波、全波与桥式整流电路。

（3）按整流电路中使用的电力电子器件来划分，可分为不控整流电路、相控电路和 PWM 整流电路。

现将整流电路分类情况总结于表 2-1 中。

表 2-1　整流电路分类情况

划分依据	电源相数	变压器二次绕组工作制	输出电压	负载性质
基本类型	单相 三相 多相	半波 桥式	不可控 半控 全控	电阻负载 阻感负载 反电动势 阻容负载

2.1.3　AC/DC 的基本性能指标

现将整流器最基本的性能指标总结如下：

1. 纹波电压的定义

整流输出电压中除直流平均值电压 V_D 外，全部交流谐波有效值为 V_H，且表示为

$$V_{\mathrm{H}} = \sqrt{V_{\mathrm{rms}}^2 - V_{\mathrm{D}}^2} \tag{2-1}$$

式中　V_{rms}——输出电压的有效值。

2. 电压谐波（纹波）系数 RF（Ripple Factor）的定义

输出电压中的交流谐波有效值 V_{H} 与直流平均值 V_{D} 之比，且表示为

$$\gamma_{\mathrm{V}} = \mathrm{RF} = V_{\mathrm{H}} / V_{\mathrm{D}} \tag{2-2}$$

也可以进一步表示为

$$\gamma_{\mathrm{V}} = V_{\mathrm{H}} / V_{\mathrm{D}} = \sqrt{\left(\frac{V_{\mathrm{rms}}}{V_{\mathrm{D}}}\right)^2 - 1} \tag{2-3}$$

3. 电压脉动系数 S_n 的定义

整流输出电压中最低次谐波幅值 V_{nm} 与直流平均值 V_{D} 之比，即

$$S_n = V_{\mathrm{nm}} / V_{\mathrm{D}} \tag{2-4}$$

交流输入电流中除基波电流有效值 I_{S1} 外，通常还含有各次谐波电流有效值 $I_{\mathrm{S}n}$（$n = 2$，3，4，…）。

电流有效值的表达式为

$$I_{\mathrm{S}}^2 = I_{\mathrm{S1}}^2 + \sum_{n=2}^{\infty} I_{\mathrm{S}n}^2 = I_{\mathrm{S1}}^2 + I_{\mathrm{h}}^2 \tag{2-5}$$

式中　I_{h}——除基波外的所有谐波电流总有效值。

4. 输入电流总畸变率 THD（Total Harmonic Distortion）的定义

除基波电流外的所有谐波电流总有效值 I_{h} 与基波电流有效值 I_{S1} 之比，即

$$\mathrm{THD} = \frac{I_{\mathrm{h}}}{I_{\mathrm{S1}}} = \frac{\sqrt{I_{\mathrm{rms}}^2 - I_{\mathrm{S1}}^2}}{I_{\mathrm{S1}}} = \left[\left(\frac{I_{\mathrm{S}}}{I_{\mathrm{S1}}}\right)^2 - 1\right]^{\frac{1}{2}} = \frac{\sqrt{\sum_{n=2}^{\infty} I_{\mathrm{S}n}^2}}{I_{\mathrm{S1}}} \tag{2-6}$$

5. 输入功率因数 PF（Power Factor）的定义

交流电源输入有功功率 P_{AC} 与其视在功率 S 之比，即

$$\begin{cases} \mathrm{PF} = P_{\mathrm{AC}} / S \\ S = V_{\mathrm{S}} I_{\mathrm{S}} \end{cases} \tag{2-7}$$

若交流输入电压为无畸变的正弦波，则只有输入电流中的基波电流形成有功功率，即

$$\begin{cases} \mathrm{PF} = P_{\mathrm{AC}} / (V_{\mathrm{S}} I_{\mathrm{S}}) = V_{\mathrm{S}} I_{\mathrm{S1}} (\cos \phi_1) / (V_{\mathrm{S}} I_{\mathrm{S}}) = (\cos \phi_1) \cdot I_{\mathrm{S1}} / I_{\mathrm{S}} = v \cos \phi_1 \\ v = I_{\mathrm{S1}} / I_{\mathrm{S}} \end{cases}$$

$$\tag{2-8}$$

交流侧电压与电流基波分量之间的相位角 ϕ_1 称为基波位移角；基波功率因数 $\cos \phi_1$ 称为基波位移因数 DPF，即

$$v = \frac{I_{S1}}{I_S} = \frac{I_{S1}}{\sqrt{I_{S1}^2 + \sum_{n=2}^{\infty} I_{Sn}^2}} = \frac{1}{\sqrt{1 + \sum_{n=2}^{\infty} \frac{I_{Sn}^2}{I_{S1}^2}}} = \frac{1}{\sqrt{1 + \text{THD}^2}} \qquad (2-9)$$

图 2-1 所示为二极管整流器框图。

图 2-1 中，U_S 表示交流电源，它是由电网提供的 50Hz 交流电，U_d 表示通过二极管整流器变换为不控的直流电。

二极管整流器价格低廉，应用广泛：如开关电源、交流电机驱动、直流电机伺服驱动。很多场合下，整流器直接由电网供电而不通过工频变压器。对许多电力设备来讲，省去体积大、价格高的变压器是很重要的。

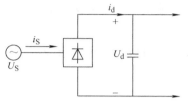

图 2-1 二极管整流器框图

2.2 典型整流电路拓扑概述

2.2.1 二极管整流电路——不控整流

现将常用二极管整流器的主要拓扑形式小结于表 2-2 中。

表 2-2 常用二极管整流器的主要拓扑形式

名称	输出电压型	输出电流型
单相半波	U_{in}, VD_1, VD_2, L_f, C_f, 负载 U_d	VD_1, VD_2, L_f, 负载 U_d
单相全波	U_{in}, VD_1, VD_2, L_f, C_f, 负载 U_d	U_{in}, VD_1, VD_2, L_f, 负载 U_d
单相桥式	U_{in}, VD_1, VD_3, VD_2, VD_4, L_f, C_f, 负载 U_d	VD_1, VD_3, VD_2, VD_4, L_f, 负载 U_d

（续）

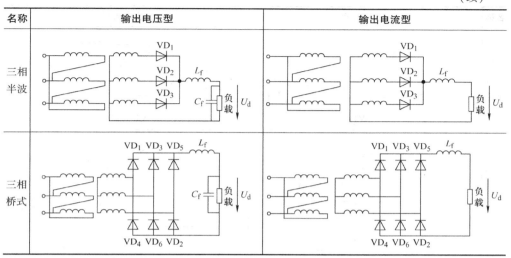

名称	输出电压型	输出电流型
三相半波		
三相桥式		

注：限于篇幅，略去不讲述常用二极管整流器的工作原理。

2.2.2 晶闸管整流电路——相控整流

将常用晶闸管整流器的主要拓扑形式小结于表 2-3 中。

表 2-3 常用晶闸管整流器的主要拓扑形式

名称	输出电压型	输出电流型
单相半波		
单相全波		
单相桥式半控		

（续）

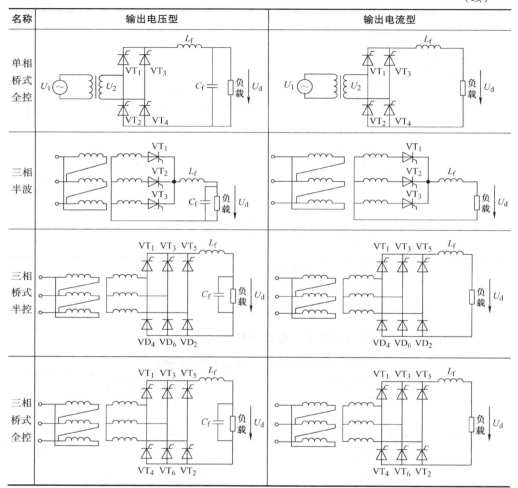

名称｜输出电压型｜输出电流型

单相桥式全控｜三相半波｜三相桥式半控｜三相桥式全控

注：限于篇幅，略去不讲述常用晶闸管整流器的工作原理。

2.2.3 PWM 整流电路——斩波整流

图 2-2 所示为单相半桥整流器拓扑。图 2-3 所示为单相全桥整流器拓扑。

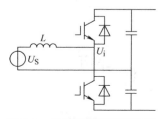

图 2-2 单相半桥整流器拓扑

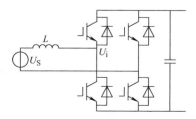

图 2-3 单相全桥整流器拓扑

图 2-4 所示为三相电压型 PWM 整流器拓扑。

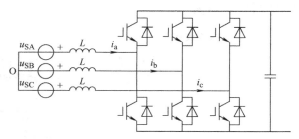

图 2-4   三相电压型 PWM 整流器拓扑

图 2-5 所示为三相电流型 PWM 整流器拓扑。

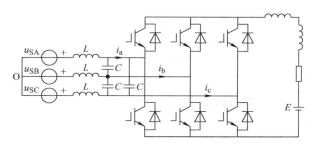

图 2-5   三相电流型 PWM 整流器拓扑

2.3   典型整流器电路数量关系

整流器电路虽然简单，如何选择整流器的元器件，需要求取相关器件的数量关系，包括电压、电流函数形式，为此，选择几种典型的整流器电路进行数量关系汇集性分析。

2.3.1   单相二极管桥式整流器

图 2-6a 所示为单相二极管桥式整流器拓扑，图 2-6b 所示为单相二极管桥式整流器实物模块。

2.3.1.1   单相半波不控整流数量关系

1. 输出电压、电流的数量关系

整流输出电压平均值 U_d 的表达式为

$$U_d = \frac{1}{2\pi} \int_0^\pi \sqrt{2} U_2 \sin\omega t \mathrm{d}(\omega t) = \frac{\sqrt{2} U_2}{\pi} = 0.45 U_2 \tag{2-10}$$

式中 U_2——交流电源 u_S 的有效值。

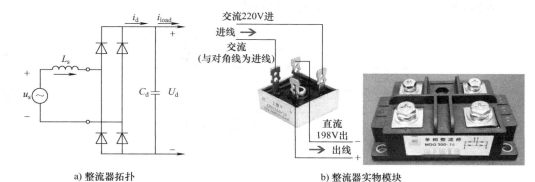

a) 整流器拓扑   b) 整流器实物模块

图 2-6 单相二极管桥式整流器

整流输出电流平均值 I_{load} 的表达式为

$$I_{\text{load}} = \frac{U_{\text{d}}}{R_{\text{L}}} = 0.45 \frac{U_2}{R_{\text{L}}} \tag{2-11}$$

式中 R_{L}——整流器的负载电阻。

2. 整流元件的参数计算及选择

流过二极管的电流平均值 I_{D} 和有效值 I_{T} 的表达式分别为

$$\begin{cases} I_{\text{D}} = I_{\text{load}} \\ I_{\text{T}} = 1.57 I_{\text{D}} \end{cases} \tag{2-12}$$

每个二极管承受的最高反向电压 U_{RM} 的表达式为

$$U_{\text{RM}} = \sqrt{2}\, U_2 \tag{2-13}$$

选二极管时，其通态平均电流 I_{TAV} 应满足

$$I_{\text{TAV}} \geqslant \frac{(1.5 \sim 2) I_{\text{T}}}{1.57} = \frac{(1.5 \sim 2) I_{\text{load}}}{1.57} \tag{2-14}$$

选二极管时，二极管承受的额定电压 U_{DRM} 应满足

$$U_{\text{DRM}} \geqslant (2 \sim 3) U_{\text{RM}} = (2 \sim 3) \sqrt{2}\, U_2 \tag{2-15}$$

3. 变压器容量计算

变压器二次侧电流有效值 I_2 的表达式为

$$\begin{cases} I_2 = \sqrt{\dfrac{1}{2\pi} \int_0^\pi (I_{2\text{m}} \sin\omega t)^2 \mathrm{d}(\omega t)} = \dfrac{I_{2\text{m}}}{\sqrt{2}} \\ I_2 = I_{\text{T}} = 1.57 I_{\text{D}} \end{cases} \tag{2-16}$$

输出负载电流平均值 I_{load} 的表达式为

$$I_{\text{load}} = \frac{U_{\text{d}}}{R_{\text{L}}} = \frac{\sqrt{2}\, U_2}{\pi R_{\text{L}}} = \frac{I_{2\text{m}}}{\pi} \tag{2-17}$$

2.3.1.2　单相桥式整流数量关系

1. 输出电压、电流的数量关系

整流电压平均值 U_d 的表达式为

$$U_d = \frac{2}{\pi} \int_0^\pi \sqrt{2} U_2 \sin\omega t \, d(\omega t) = \frac{2\sqrt{2} U_2}{\pi} = 0.9 U_2 \tag{2-18}$$

整流电流平均值 I_{load} 的表达式为

$$I_{load} = \frac{U_d}{R_L} = 0.9 \frac{U_2}{R_L} \tag{2-19}$$

2. 整流元件的参数计算及选择

流过每管的电流有效值 I_T 为

$$I_T = I_{load} / \sqrt{2} \tag{2-20}$$

流过每管的电流平均值 I_D 的表达式为

$$I_D = I_{load} / 2 \tag{2-21}$$

每管承受的最高反向电压 U_{RM} 的表达式为

$$U_{RM} = \sqrt{2} U_2 \tag{2-22}$$

选二极管时，其通态平均电流 I_{TAV} 应满足

$$I_{TAV} \geqslant (1.5 \sim 2)\frac{I_T}{1.57} = (1.5 \sim 2)\frac{I_{load}}{\sqrt{2} \times 1.57} \approx (1.5 \sim 2) \times 0.45 I_{load} \tag{2-23}$$

选二极管时，二极管承受的额定电压 U_{DRM} 应满足

$$U_{DRM} \geqslant (2 \sim 3) U_{RM} = (2 \sim 3)\sqrt{2} U_2 \tag{2-24}$$

3. 变压器容量计算

变压器二次侧电流有效值 I_2 的表达式为

$$\begin{cases} I_2 = \sqrt{\dfrac{1}{\pi} \int_0^\pi (I_{2m} \sin\omega t)^2 d(\omega t)} = \dfrac{I_{2m}}{\sqrt{2}} \\ I_2 = 1.11 I_{load} \end{cases} \tag{2-25}$$

输出电流平均值 I_{load} 的表达式为

$$I_{load} = \frac{U_d}{R_L} = \frac{2\sqrt{2} U_2}{\pi R_L} = \frac{2 I_{2m}}{\pi} \tag{2-26}$$

2.3.2　三相二极管桥式整流器

2.3.2.1　概述

单相交流整流电路所能提供的功率通常限制在 2.5kW 以下，要求更大功率的直流电源设备就需要利用三相交流电源和三相整流电路。工业应用中，三相整流电

路较为常用。三相整流电路的优点是输出波形脉动小，功率更大。三相 6 脉冲桥式整流电路最为常用，如图 2-7 所示。

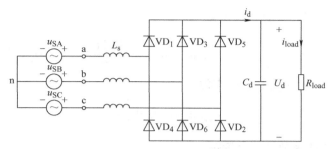

图 2-7 三相桥式整流电路拓扑

图 2-8 所示为三相桥式整流电路实物模块。

图 2-8 三相桥式整流电路实物模块

2.3.2.2 三相不控整流桥数量关系

三相不控整流桥输出的脉动直流电压平均值 U_d 的表达式为

$$U_d = \frac{1}{\pi/3} \int_{30°}^{90°} u_{AB} \mathrm{d}(\omega t) = \frac{3}{\pi} \int_{30°}^{90°} \sqrt{3} \cdot \sqrt{2} U_S \sin(\omega t + 30°) \mathrm{d}(\omega t)$$

$$= \frac{3\sqrt{6}}{\pi} U_S = \frac{3\sqrt{2}}{\pi} U_l = 2.34 U_S = 1.35 U_l \tag{2-27}$$

式中　U_S——电源相电压有效值；

　　　U_l——电源线电压有效值。

负载 R_L 上的脉动直流电压平均值 U_d 与变压器二次侧相电压有效值 U_2 的关系表达式为

$$U_d \approx 2.34 U_2 \tag{2-28}$$

整流输出电流 I_{load} 的表达式为

$$I_{\text{load}} = U_d / R_L \approx 2.34 U_2 / R_L \tag{2-29}$$

整流二极管上承受的最大反向电压 U_{RM} 是变压器二次侧线电压的峰值, 即

$$U_{RM} = \sqrt{2} \times \sqrt{3} U_2 \approx 2.45 U_2 \approx 1.05 U_d \tag{2-30}$$

流过整流二极管的电流平均值 I_D 的表达式为

$$I_D = \frac{1}{3} I_{\text{load}} \approx \frac{2.34 U_2}{3 R_L} = 0.78 \frac{U_2}{R_L} \tag{2-31}$$

整流二极管流过的电流有效值 I_T 的表达式为

$$I_T = \frac{1}{\sqrt{3}} I_{\text{load}} \tag{2-32}$$

变压器二次电流有效值 I_2 的表达式为

$$I_2 = \frac{\sqrt{2}}{\sqrt{3}} I_{\text{load}} \tag{2-33}$$

选择整流二极管的额定电流 I_{TAV} 和额定电压 U_{DRM} 参数的表达式为

$$\begin{cases} I_{TAV} = (1.5 \sim 2) \dfrac{1}{1.57 \times \sqrt{3}} I_{\text{load}} \approx (1.5 \sim 2) \times 0.368 I_{\text{load}} \\ U_{DRM} = (2 \sim 3) \sqrt{2} \times \sqrt{3} U_2 \approx (2 \sim 3) \times 2.45 U_2 \approx (2 \sim 3) \times 1.05 U_d \end{cases} \tag{2-34}$$

2.3.3 单相不控整流滤波电路

图 2-9a 所示为单相不控整流滤波电路拓扑, 图 2-9b 所示为单相不控整流滤波电路的工作波形。

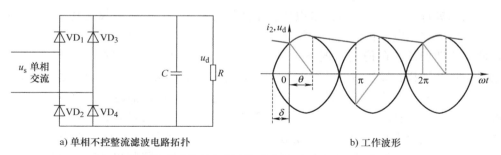

a) 单相不控整流滤波电路拓扑   b) 工作波形

图 2-9 电容滤波的单相桥式不控整流滤波电路及工作波形

负载固定的情况下, 电容器 C 的容量越大, 充电和放电所需要的时间越长。空载时, 由于电容 C 储存的电荷无法释放, 输出电压 U_d 的最大幅值 U_{d_max} 的表达式为

$$U_{d\_max} \approx \sqrt{2} U_2 \tag{2-35}$$

重载时, 由于负载电阻值很小, 输出电压 U_d 逐渐趋向于 $0.9 U_2$, 即趋近于接近电阻负载时的特性。

显然，电容 C 的容量越大，滤波效果越好，输出波形越趋于平滑，输出电压 U_d 也越高。但是，当电容容量达到一定值以后，再加大电容容量对提高滤波效果已无明显作用。

在设计时，根据负载的情况选择电容 C 值，且满足

$$\begin{cases} RC \geqslant (3 \sim 5)\dfrac{T}{2} \\ C \geqslant \dfrac{T}{R\ln\dfrac{1}{1-\gamma_u}} \end{cases} \qquad (2\text{-}36)$$

式中　γ_u——直流电压波动幅度；

　　　R——负载电阻；

　　　T——电源的脉动周期。

当为单相半波时，$T = 20\text{ms}$；当为单相全波时，$T = 10\text{ms}$；当为单相全桥时，$T = 10\text{ms}$；当为三相全桥时，$T = 3.3\text{ms}$。

此时，单相整流器输出电压 U_d 近似为

$$U_d \approx 1.2 U_2 \qquad (2\text{-}37)$$

整流器输出电流平均值 I_d 的表达式为

$$I_d = U_d / R \qquad (2\text{-}38)$$

二极管电流平均值 I_D 的表达式为

$$I_D = I_d / 2 \qquad (2\text{-}39)$$

二极管承受的电压为变压器二次侧电压最大值，即 $\sqrt{2}\,U_2$。

当二极管截止时，电容两端电压就不能保持不变，电容向负载放电，负载电流等于电容的放电电流；输出电压可达到 $1 \sim 1.2 U_2$。当电容 C 越大，放电进行越慢，将使截止期加长，在稳定情况下，电容 C 在一个周期内充电电荷等于放电电荷。故当截止期加长，导通时间相对缩短，充电电流将相对地增大。我们知道，在电流平均值相同的条件下，脉冲的宽度越窄，幅度越高，其有效值越大，故具有电容滤波的整流电路，在输出直流电流相同的条件下，二极管的发热较为严重。滤波电容越大，这种现象也越显著。特别是在开机瞬间，这时滤波电容 C 上未充电，故其开始几周的充电电流不但幅值大，而且持续时间长。为了限制二极管的电流，有时给二极管串一限流电阻，但导致一定功率的损耗。但是滤波电容越大，滤波效果越好。

图 2-10a 所示为感容滤波的单相桥式不可控整流电路拓扑，图 2-10b 所示为感容滤波的单相桥式不可控整流电路的工作波形。在实际应用中，为了抑制电流冲击，常在直流侧串入较小的电感。整流器输出波形 u_d 更平直，电流 i_2 的上升段平缓了许多，这对于电路的工作是有利的。

图 2-11 所示为典型单相滤波电路拓扑图。

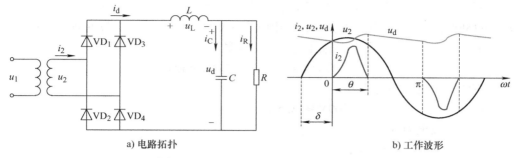

a) 电路拓扑　　　　　　　　　　　　　　　b) 工作波形

图 2-10 感容滤波的单相桥式不可控整流电路及其工作波形

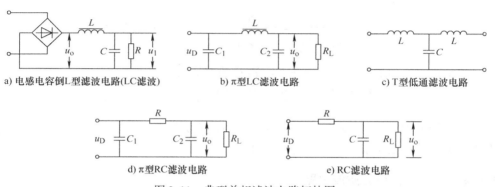

a) 电感电容倒L型滤波电路(LC滤波)　　　b) π型LC滤波电路　　　c) T型低通滤波电路

d) π型RC滤波电路　　　　　　　e) RC滤波电路

图 2-11 典型单相滤波电路拓扑图

在 LC 滤波器电路中，截止频率 f_r 的表达式为

$$f_r = \frac{1}{2\pi\sqrt{LC}} \qquad (2\text{-}40)$$

取截止频率 $f_r = 0.1f_s$，可以得到 LC 滤波器的滤波电感 L 的表达式为

$$L = \frac{1}{(2\pi f_r)^2 C} = \frac{100}{(2\pi f_s)^2 C} = \frac{100T^2}{(2\pi)^2 C} \qquad (2\text{-}41)$$

表 2-4 表示几种典型单相滤波电路特性对比。

表 2-4 几种典型单相滤波电路特性对比

滤波方式	输出直流电压/输入交流电压	适合范围	对整流管的冲击电流	带载能力
C 型滤波	1.1 ~ 1.2	小电流	大	差
π 型 LC 滤波	1.1 ~ 1.2	小电流	大	差
π 型 RC 滤波	1.1 ~ 1.2	小电流	大	最差
L 型滤波	0.9	大电流	小	强
倒 L 型 LC 滤波	0.9	大电流	小	强

例2-1：单相桥式二极管整流电路，输入交流电压：$U_2 = 230\text{V}@50\text{Hz}$；输出功率 $P_{\text{out}} = 15\text{kW}$；直流侧采用电容滤波，输出电压纹波系数 $\gamma_u = 0.1$，计算滤波电容 C。

分析：直流电压平均值按输出电压纹波系数 $\gamma_u = 0.1$ 计算，即

$$U_d = 1.414 \times (1 - 0.1/2)U_2 \approx 309\text{V}$$

直流输出电流平均值为

$$I_d = P_{\text{out}}/U_d = 15000\text{W}/309\text{V} \approx 48.5\text{A}。$$

负载等效电阻为

$$R = 309\text{V}/48.5\text{A} \approx 6.4\Omega。$$

单相桥式整流电压脉动周期 $T = 10\text{ms}$。

滤波电容 C 的取值为

$$C > \frac{T}{R\ln\dfrac{1}{1-\gamma_u}} = \frac{10 \times 10^{-3}}{6.4 \times \ln\dfrac{1}{1-0.1}}\text{F} \approx 14.8\text{mF}$$

如果按照下面的表达式，则滤波电容 C 的取值为

$$C = \frac{(3\sim5)T}{R} = \frac{(3\sim5) \times 10 \times 10^{-3}}{6.4}\text{F} \approx (4.7 \sim 7.8)\text{mF}$$

可以借助 MATLAB 构建其仿真模型，可以直接在 Simulink 库中调用相关模块构建，可以结合 2.4 节中的示例进行构建。

2.3.4 三相不控整流滤波电路

图 2-12a 和图 2-12b 所示为电容滤波的三相桥式不可控整流电路拓扑及其工作波形。

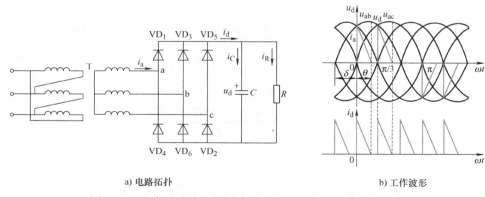

a) 电路拓扑　　　　　　　　　b) 工作波形

图 2-12　电容滤波的三相桥式不可控整流电路及其工作波形

现将电容滤波的三相桥式不可控整流电路基本原理简述如下：

1）当某一对二极管导通时，输出直流电压等于交流侧线电压中最大的一个，该线电压既向电容供电，也向负载供电。

2）当没有二极管导通时，由电容向负载放电，u_d 按指数规律下降。

现将电容滤波的三相桥式不可控整流电路的主要数量关系总结如下：

输出电压平均值 U_d 在 $(2.34 \sim 2.45U_2)$ 之间变化。流过负载的电流平均值 I_R 的表达式为

$$I_R = U_d / R \qquad (2\text{-}42)$$

假设电容电流 i_C 平均值为零，则输出电流平均值 I_d 近似为

$$I_d \approx I_R \qquad (2\text{-}43)$$

流过二极管的电流平均值 I_D 和有效值 I_T 分别为

$$\begin{cases} I_D = \dfrac{I_d}{3} = \dfrac{I_R}{3} \\[2mm] I_T = \dfrac{I_d}{\sqrt{3}} = \dfrac{I_R}{\sqrt{3}} \end{cases} \qquad (2\text{-}44)$$

二极管承受的电压为线电压的峰值即

$$U_{RM} = \sqrt{6}\, U_2 \qquad (2\text{-}45)$$

选择整流二极管的电流定额 I_{TAV} 和电压定额 U_{DRM} 参数的表达式为

$$\begin{cases} I_{TAV} = (1.5 \sim 2)\dfrac{1}{1.57 \times \sqrt{3}} I_{load} \approx (1.5 \sim 2) \times 0.368 I_{load} \\[2mm] U_{DRM} = (2 \sim 3)\sqrt{2} \times \sqrt{3}\, U_2 \approx (2 \sim 3) \times 2.45 U_2 \approx (2 \sim 3) \times 1.05 U_d \end{cases} \qquad (2\text{-}46)$$

在实际电路中，电容滤波的三相不可控整流电路拓扑中存在交流侧电感以及为抑制冲击电流而串联的电感，如图 2-13a 所示。

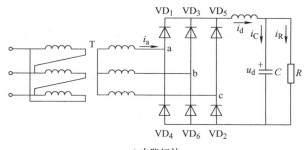

a) 电路拓扑

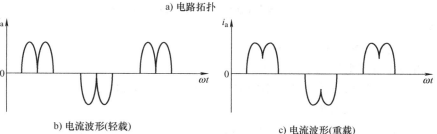

b) 电流波形(轻载)   c) 电流波形(重载)

图 2-13　感容滤波的三相不可控整流电路拓扑及其电流工作波形

如图 2-13b 和图 2-13c 所示，有电感时，电流波形的前沿平缓了许多，有利于电路的正常工作，随着负载的加重，电流波形与电阻负载时的交流侧电流波形逐渐接近。

例 2-2：三相桥式二极管整流电路，输入交流电压：三相 400V@50Hz；输出功率 $P_{out} = 150$kW；直流侧采用电容滤波，输出电压纹波系数 $\gamma_u = 0.1$，计算滤波电容 C。

分析：交流相电压 $U_2 = 230.9$V。直流电压平均值按纹波系数 $\gamma_u = 0.1$ 计算，即

$$U_d = 2.45 \times (1 - 0.1/2) \times 230.9\text{V} \approx 537.5\text{V}$$

直流输出电流平均值为

$$I_d = P/U_d = 150000\text{W}/537.5\text{V} \approx 279.1\text{A}$$

负载等效电阻为

$$R = 537.5\text{V}/279.1\text{A} \approx 1.93\Omega$$

三相桥式整流电压脉动周期 $T = 3.3$ms。

滤波电容 C 的取值为

$$C > \frac{T}{R\ln\dfrac{1}{1-\gamma_u}} = \frac{3.3 \times 10^{-3}}{1.93 \times \ln\dfrac{1}{1-0.1}}\text{F} \approx 16.2\text{mF}$$

如果按照下面的表达式，则滤波电容 C 的取值为

$$C = \frac{(3 \sim 5)T}{R} = \frac{(3 \sim 5) \times 3.3 \times 10^{-3}}{1.93}\text{F} \approx 7.6 \sim 12.7\text{mF}$$

可以借助 MATLAB 构建其仿真模型，可以直接在 Simulink 库中调用相关模块构建，可以结合 2.4 节中的示例进行构建。

例 2-3：三相桥式二极管整流电路参数计算与器件选择。输入交流电压：三相交流 400V@50Hz；输出功率 $P_{out} = 150$kW，直流侧采用 LC 滤波。输出电流脉动系数 $\gamma_i = 0.1$，输出电压纹波系数 $\gamma_u = 0.1$。

分析：交流相电压 $U_2 = 230.9$V。直流电压平均值按脉动系数 $\gamma_u = 0.1$ 计算，即

$$U_d = 2.45 \times (1 - 0.1/2) \times 230.9\text{V} \approx 537.5\text{V}$$

直流输出电流平均值为

$$I_d = P/U_d = 150000\text{W}/537.5\Omega \approx 279.1\text{A}$$

负载等效电阻为

$R = 537.5\text{V}/279.1\text{A} \approx 1.93\Omega$。

三相桥式整流电压脉动周期 $T = 3.3$ms。

按照例 2-2 计算方法，滤波电容 C 暂时可以取值 10mF。

滤波电感 L 的取值为

$$L = \frac{0.22}{\pi}\frac{U_2}{\gamma_i I_d} \times 10^{-3} = \frac{0.22 \times 230.9}{0.1 \times 279.1\pi} \times 10^{-3}\text{H} \approx 0.6 \times 10^{-3}\text{H} = 0.6\text{mH}$$

滤波电感 L 也可以按照下面的表达式酌情选择

$$L = \frac{100}{(2\pi)^2}\frac{T^2}{C} = \frac{100}{(2\pi)^2}\frac{(3.3 \times 10^{-3})^2}{10 \times 10^{-3}}\text{H} \approx 2.76\text{mH}$$

最终选择 3mH 左右的滤波电感。

二极管 $VD_1 \sim VD_6$ 承受的最大反向电压为

$$U_D = \sqrt{2} \times \sqrt{3}\, U_2 = 230.9 \times \sqrt{6}\,\text{V} \approx 566\text{V}$$

流过 $VD_1 \sim VD_6$ 的电流有效值为

$$I = 1/\sqrt{3}\, I_d = 0.577 \times 279.1\text{A} \approx 161\text{A}$$

选择二极管 $VD_1 \sim VD_6$ 的电压定额并留有裕量

$$U_{DRM} = (2 \sim 3)\sqrt{6}\, U_2 = (2 \sim 3) \times 2.45 U_2 = 1132 \sim 1698\text{V}$$

选择二极管 $VD_1 \sim VD_6$ 的通态平均电流定额并留有裕量

$$I_{TAV} = (1.5 \sim 2) \times 0.368 I_d \approx 205 \sim 308\text{A}$$

可以选 300A/1500V 的整流二极管。

可以借助 MATLAB 构建其仿真模型，可以直接在 Simulink 库中调用相关模块构建，可以结合 2.4 节中的示例进行构建。

现将典型整流电路带电阻负载的情况小结于表 2-5 中。

表 2-5　典型整流电路带电阻负载的情况

性能参数	带有中心抽头变压器的单相整流器	单相桥式整流器	六相星型整流器	三相桥式整流器
反向重复峰值电压 U_{RRM}	$3.14 U_{dc}$	$1.57 U_{dc}$	$2.09 U_{dc}$	$1.05 U_{dc}$
每个变压器的输入电压有效值 U_{P_rms}	$1.11 U_{dc}$	$1.11 U_{dc}$	$0.74 U_{dc}$	$0.428 U_{dc}$
二极管平均电流 I_{TAV}	$0.50 I_d$	$0.50 I_d$	$0.167 I_d$	$0.333 I_{dc}$
正向重复峰值电流 I_{FRM}	$1.57 I_d$	$1.57 I_d$	$6.28 I_d$	$3.14 I_d$
二极管有效电流 I_T	$0.785 I_d$	$0.785 I_d$	$0.409 I_d$	$0.579 I_d$
二极管电流的形状因数 I_T/I_{TAV}	1.57	1.57	2.45	1.74
整流因数 $\eta =$ 直流输出功率 P_{DC}/交流输入功率 P_{AC}	0.81	0.81	0.998	0.998
形状因数 FF = 输出电压有效值 U_{rms}/U_{dc}	1.11	1.11	1.0009	1.0009
纹波系数 RF = 输出电压的交流有效值 $U_{ac} = U_{dc}$；$U_{ac} = \sqrt{U_{rms}^2 - U_{dc}^2}$	0.482	0.482	0.042	0.042
变压器一次侧伏安额定值	$1.23 P_{dc}$	$1.23 P_{dc}$	$1.28 P_{dc}$	$1.05 P_{dc}$

(续)

性能参数	带有中心抽头变压器的单相整流器	单相桥式整流器	六相星型整流器	三相桥式整流器
变压器二次侧伏安额定值	$1.75P_{dc}$	$1.23P_{dc}$	$1.81P_{dc}$	$1.05P_{dc}$
输出纹波频率 f_r	$2f_s$	$2f_s$	$6f_s$	$6f_s$

注：U_{dc} 和 I_d 分别表示整流器输出直流电压和电流；f_s 表示交流输入电源的频率。

2.3.5 单相可控整流电路

2.3.5.1 移相控制技术概述

如果将单相桥式不控整流电路中的二极管换成晶闸管，即可构成单相桥式相控整流电路，如图 2-14 所示，晶闸管 $VT_1 \sim VT_4$ 组成可控整流桥。

如图 2-14 所示，由整流变压器 T 供电，u_1 为变压器一次侧电压，变压器二次侧出线连接在桥臂的中点 a、b 端上，u_2 为变压器二次侧电压，R 为纯负载电阻。

图 2-15 所示为单相可控整流电路的工作波形。在分析晶闸管可控整流电路时，为便于分析，认为晶闸管为理想开关器件，即晶闸管导通时管压降为零，关断时漏电流为零，且认为晶闸管的导通与关断瞬时完成。

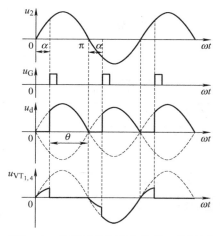

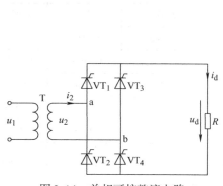

图 2-14　单相可控整流电路　　　　图 2-15　单相可控整流电路的工作波形

为了后面阐释方便起见，下面解释几个重要概念：

1. 触发角 α

也可称作控制角，指从晶闸管开始承受正向阳极电压起到施加触发脉冲止的电角度。晶闸管可控整流电路是通过控制触发角 α 的大小，即控制触发脉冲起始相位来控制输出电压大小，故称为相控电路。

2. 导通角 θ

指晶闸管在一个周期中处于通态的电角度，图 2-15 中 4 个晶闸管的导通角均为 $\pi - \alpha$。移相改变触发脉冲出现的时刻，即可改变触发角 α 的大小，称之为移相。通过改变触发角 α 的大小，即可使整流平均电压 u_d 发生变化的控制方式称为移相控制。改变触发角 α 使整流电压平均值从最大值降到零，此时触发角 α 对应的变化范围称为移相范围，对于单相桥式相控整流电路带电阻性负载而言，其移相范围为 $180°$。

3. 同步

使触发脉冲与相控整流电路的电源电压之间保持频率和相位的协调关系称为同步，同步是相控电路正常工作必不可少的条件。

4. 换流

在相控整流电路中，一路晶闸管导通变换为另一路晶闸管导通的过程称为换流，也称为换相。

2.3.5.2 单相全控桥式整流电路带电阻负载的数量关系

图 2-16a 和图 2-16b 所示为单相全控桥式整流电路带电阻负载的电路拓扑及其工作波形。

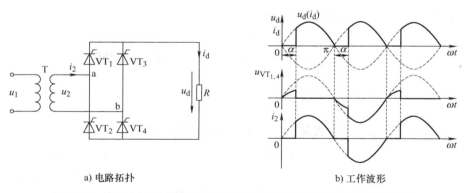

a) 电路拓扑   b) 工作波形

图 2-16 单相全控桥式整流电路带电阻负载的电路拓扑及其工作波形

现将单相全控桥式整流电路带电阻负载时的数量关系总结如下：

（1）整流电路输出直流电压的表达式

$$U_d = \frac{1}{\pi}\int_\alpha^\pi \sqrt{2}U_2\sin\omega t \, d(\omega t) = \frac{2\sqrt{2}U_2}{\pi}\frac{1+\cos\alpha}{2} = 0.9U_2\frac{1+\cos\alpha}{2} \quad (2\text{-}47)$$

其中，触发角 α 的范围为 $180°$。

（2）向负载输出的平均电流值 I_d 的表达式

$$I_d = \frac{U_d}{R} = \frac{2\sqrt{2}\,U_2}{\pi R} \frac{1 + \cos\alpha}{2} = 0.9 \frac{U_2}{R} \frac{1 + \cos\alpha}{2} \qquad (2\text{-}48)$$

（3）流过晶闸管的电流平均值 I_{dVT} 只有输出直流平均值 I_d 的一半，即

$$I_{dVT} = \frac{1}{2} I_d = 0.45 \frac{U_2}{R} \frac{1 + \cos\alpha}{2} = \frac{\pi - \alpha}{2\pi} I_d \qquad (2\text{-}49)$$

（4）流过晶闸管的电流有效值 I_{VT} 的表达式为

$$I_{VT} = \sqrt{\frac{1}{2\pi} \int_{\alpha}^{\pi} \left(\frac{\sqrt{2}\,U_2}{R} \sin\omega t \right)^2 \mathrm{d}(\omega t)} = \frac{U_2}{\sqrt{2}\,R} \sqrt{\frac{1}{2\pi}\sin 2\alpha + \frac{\pi - \alpha}{\pi}} = \frac{\sqrt{\pi - \alpha}}{\sqrt{2\pi}} I_d$$

$$(2\text{-}50)$$

（5）晶闸管承受的最大正反向电压 U_{RM} 的表达式为

$$U_{RM} = \sqrt{2}\,U_2 \qquad (2\text{-}51)$$

（6）变压器二次侧电流有效值 I_2 与输出直流电流有效值 I 相等，即

$$I = I_2 = \sqrt{\frac{1}{\pi} \int_{\alpha}^{\pi} \left(\frac{\sqrt{2}\,U_2}{R} \sin\omega t \right)^2 \mathrm{d}(\omega t)} = \frac{U_2}{R} \sqrt{\frac{1}{2\pi}\sin 2\alpha + \frac{\pi - \alpha}{\pi}} \qquad (2\text{-}52)$$

联立可得流过晶闸管的电流有效值 I_{VT} 的值为

$$I_{VT} = \frac{1}{\sqrt{2}} I_d \qquad (2\text{-}53)$$

不考虑变压器的损耗时，变压器容量的取值依据为

$$S = U_2 I_2 \qquad (2\text{-}54)$$

联立可得，选择晶闸管的电流定额 I_{TAV} 和电压定额 U_{DRM} 参数为

$$\begin{cases} I_{TAV} = (2 \sim 3) \times 0.45 I_d \\ U_{DRM} = (2 \sim 3)\sqrt{2}\,U_2 \end{cases}$$

2.3.5.3 单相全控桥式整流电路带阻感负载的数量关系

先分析无续流二极管的工作情况。图 2-17 所示为单相全控桥带阻感负载时的电路拓扑及其工作波形。假设电路已工作于稳态，i_d 的平均值不变。假设负载电感很大，负载电流 i_d 连续且波形近似为一水平线。u_2 过零变负时，晶闸管 VT_1 和 VT_4 并不关断。至 $\omega t = \pi + \alpha$ 时刻，晶闸管 VT_1 和 VT_4 关断，晶闸管 VT_2 和 VT_3 两管导通。晶闸管 VT_2 和 VT_3 导通后，晶闸管 VT_1 和 VT_4 承受反压关断，流过晶闸管 VT_1 和 VT_4 的电流迅速转移到晶闸管 VT_2 和 VT_3 上，此过程称为换相，亦称为换流。

现将单相全控桥带阻感负载时的形数量关系（无续流二极管）小结如下：

（1）输出电压的表达式

$$U_d = \frac{1}{\pi} \int_{\alpha}^{\pi + \alpha} \sqrt{2}\,U_2 \sin\omega t \, \mathrm{d}(\omega t) = \frac{2\sqrt{2}}{\pi} U_2 \cos\alpha = 0.9 U_2 \cos\alpha \qquad (2\text{-}55)$$

式中 α——晶闸管移相角，其移相范围为 90°。

需要提醒的是晶闸管导通角，θ 与移相角 α 无关，均为 180°。

（2）晶闸管承受的最大正反向电压 U_{RM} 的表达式为

$$U_{RM} = \sqrt{2}\, U_2 \tag{2-56}$$

（3）晶闸管电流平均值 I_{dVT} 的表达式为

$$I_{dVT} = \frac{1}{2}I_d \tag{2-57}$$

式中 I_d——输出直流平均值。

（4）晶闸管电流有效值 I_{VT} 的表达式为

$$I_{VT} = \frac{1}{\sqrt{2}}I_d = 0.707 I_d \tag{2-58}$$

（5）变压器二次侧电流 i_2 的波形为正负各 180°的矩形波，其相位由 α 角决定，其有效值 $I_2 = I_d$。

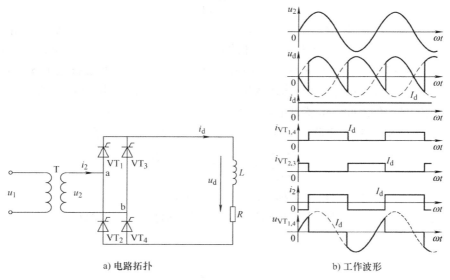

a) 电路拓扑   b) 工作波形

图 2-17 单相全控桥带阻感负载时的电路拓扑及其工作波形

2.3.5.4 单相全控桥式整流电路带反电动势负载的数量关系

图 2-18 所示为单相桥式全控整流电路接反电动势和电阻负载时的电路拓扑及其工作波形，图中 E 为反电动势。

在 $|u_2| > E$ 时，才有晶闸管承受正电压，才有导通的可能。晶闸管导通之后，整流输出电压即为 $u_d = u_2$，输出电流的表达式为

$$i_d = \frac{u_d - E}{R} \tag{2-59}$$

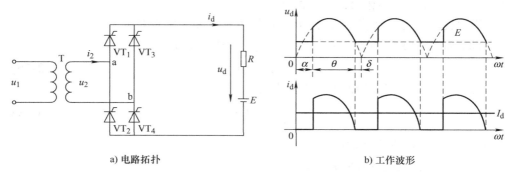

图 2-18 单相桥式全控整流电路接反电动势和电阻负载时电路拓扑及其工作波形

直至 $|u_2| = E$，i_d 降至 0 使得晶闸管关断，此后 $u_d = E$。与电阻负载时相比，晶闸管提前了电角度 δ 停止导电，δ 称为停止导电角，且为

$$\delta = \arcsin \frac{E}{\sqrt{2}\, U_2} \qquad (2\text{-}60)$$

在 α 相同时，整流输出电压比电阻负载时大。当 $\alpha < \delta$ 时，触发脉冲到来，晶闸管承受负电压，不可能导通。触发脉冲有足够的宽度，保证当 $\omega t = \delta$ 时刻有晶闸管开始承受正电压时，触发脉冲仍然存在。这样，相当于触发角被推迟为 δ。为了使电流连续，一般在主电路中直流输出侧串联一个平波电抗器，用来减少电流的脉动和延长晶闸管导通的时间。电感量足够大时，电流波形近似一直线。由于电感存在 U_d，波形出现负面积，使 U_d 下降。为保证电流连续所需的电感量 L 可由下式求出

$$L = \frac{2\sqrt{2}\, U_2}{\pi \omega I_{d\min}} = 2.87 \times 10^{-3} \frac{U_2}{I_{d\min}} \qquad (2\text{-}61)$$

式中 α——晶闸管移相角，其移相范围为 $0° \sim 90°$。

图 2-19 所示为单相桥式全控整流电路带反电动势、负载串联平波电抗器的电路拓扑及工作波形。

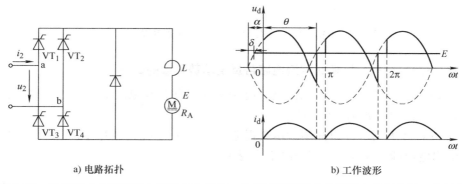

图 2-19 单相桥式全控整流电路带反电动势、负载串联平波电抗器的电路拓扑及工作波形

2.3.6　三相可控整流电路

2.3.6.1　三相全控桥-阻性负载的数量关系

图 2-20 所示为三相全控桥带阻性负载的电路拓扑图，其中 $VT_1 \sim VT_6$ 表示晶闸管。

为得到零线，变压器二次侧要接成星形（丫），而一次侧接成三角形（△），为 3 次谐波电流提供通路，减少 3 次谐波对电网的影响。

三相全控桥带阻性负载的电路拓扑对触发脉冲的要

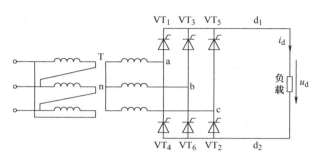

图 2-20　三相全控桥带阻性负载的电路拓扑图

求：按 $VT_1 - VT_2 - VT_3 - VT_4 - VT_5 - VT_6$ 的顺序，相位依次差 60°。晶闸管共阴极组 VT_1、VT_3、VT_5 的脉冲依次差 120°，共阳极组 VT_4、VT_6、VT_2 也依次差 120°。

同一相的上下两个桥臂，即 VT_1 与 VT_4，VT_3 与 VT_6，VT_5 与 VT_2 脉冲相差 180°。

现将三相全控桥带阻性负载电路的数量关系总结如下：

（1）移相角 α 的范围

$$0 \leqslant \alpha \leqslant \frac{2\pi}{3}$$

（2）输出电流平均值 I_d 的表达式为

$$I_d = U_d / R \tag{2-62}$$

式中　U_d——输出电压平均值。

（3）每个晶闸管导通时间 θ_{VT} 的表达式为

$$\theta_{VT} = 2\left(\frac{2\pi}{3} - \alpha\right) \tag{2-63}$$

（4）电流连续$\left(0 \leqslant \alpha \leqslant \dfrac{\pi}{3}\right)$，输出电压瞬时值 u_d 的表达式为

$$u_d = \sqrt{6} U_2\left(\sin\omega t + \frac{\pi}{6}\right),\ \frac{\pi}{6} + \alpha \leqslant \omega t \leqslant \frac{\pi}{2} + \alpha,\ T_\theta = \frac{\pi}{3} \tag{2-64}$$

（5）电流连续$\left(0 \leqslant \alpha \leqslant \dfrac{\pi}{3}\right)$，输出电压平均值 U_d 的表达式为

$$U_d = \frac{1}{\frac{\pi}{3}} \int_{\frac{\pi}{6}+\alpha}^{\frac{\pi}{2}+\alpha} \sqrt{6} U_2\left(\sin\omega t + \frac{\pi}{6}\right) \mathrm{d}(\omega t) = 2.34 U_2 \cos\alpha \tag{2-65}$$

（6）电流断续 $\left(\dfrac{\pi}{3} \leqslant \alpha \leqslant \dfrac{2\pi}{3}\right)$，输出电压瞬时值 u_d 的表达式为

$$u_\mathrm{d} = \sqrt{6}\,U_2 \left(\sin\omega t + \dfrac{\pi}{6}\right), \quad \dfrac{\pi}{6} + \alpha \leqslant \omega t \leqslant \dfrac{5\pi}{6} + \alpha, \quad T_\theta = \dfrac{\pi}{3} \tag{2-66}$$

（7）电流断续 $\left(\dfrac{\pi}{3} \leqslant \alpha \leqslant \dfrac{2\pi}{3}\right)$，输出电压平均值 U_d 的表达式为

$$U_\mathrm{d} = \dfrac{1}{\dfrac{\pi}{3}} \int_{\frac{\pi}{6}+\alpha}^{\frac{5\pi}{6}} \sqrt{6}\,U_2 \left(\sin\omega t + \dfrac{\pi}{6}\right)\mathrm{d}(\omega t) = 2.34 U_2 \left[1 + \cos\left(\dfrac{\pi}{3} + \alpha\right)\right]$$

$$\tag{2-67}$$

（8）晶闸管承受的最大反向电压为变压器二次线电压峰值 U_RM，即

$$U_\mathrm{RM} = \sqrt{2} \times \sqrt{3}\,U_2 = \sqrt{6}\,U_2 = 2.45 U_2 \tag{2-68}$$

（9）晶闸管阳极与阴极间的最大电压等于变压器二次相电压的峰值，即

$$U_\mathrm{u} = \sqrt{2}\,U_2 \tag{2-69}$$

（10）通过晶闸管电流平均值 I_dVT 为

$$I_\mathrm{dVT} = \dfrac{1}{3} I_\mathrm{d} \tag{2-70}$$

（11）通过晶闸管电流有效值 I_VT 为

$$I_\mathrm{VT} = \dfrac{I_\mathrm{d}}{\sqrt{3}} \tag{2-71}$$

（12）通过变压器二次侧电流有效值 I_2 为

$$I_2 = \sqrt{\dfrac{2}{3}}\,I_\mathrm{d} \tag{2-72}$$

（13）负载电流平均值 I_d 为

$$I_\mathrm{d} = \dfrac{U_\mathrm{d}}{R} \tag{2-73}$$

（14）晶闸管的额定电流 I_TAV 和电压定额 U_DRM 参数为

$$\begin{cases} I_\mathrm{TAV} = (2 \sim 3) \times 0.368 I_\mathrm{d} \\ U_\mathrm{DRM} = (2 \sim 3)\sqrt{6}\,U_2 \end{cases} \tag{2-74}$$

2.3.6.2 三相全控桥-阻感负载的数量关系

现将三相全控桥带阻感负载电路的数量关系总结如下：

（1）移相角 α 的范围：$0 \leqslant \alpha \leqslant \dfrac{\pi}{2}$。

（2）每个晶闸管导通时间 θ_VT 的表达式：$\theta_\mathrm{VT} = \dfrac{2\pi}{3}$。

（3）电流连续 $\left(0 \leqslant \alpha \leqslant \dfrac{\pi}{2}\right)$ 时，负载电流平均值：$I_\mathrm{d} = \dfrac{U_\mathrm{d}}{R}$。

（4）电流连续 $\left(0 \leqslant \alpha \leqslant \dfrac{\pi}{2}\right)$ 时，输出电压瞬时值：$u_{\mathrm{d}} = \sqrt{6}\,U_2\left(\sin\omega t + \dfrac{\pi}{6}\right)$，$\dfrac{\pi}{6} + \alpha \leqslant \omega t \leqslant \dfrac{\pi}{2} + \alpha$。

（5）电流连续 $\left(0 \leqslant \alpha \leqslant \dfrac{\pi}{2}\right)$ 时，输出电压平均值为

$$U_{\mathrm{d}} = \frac{1}{\dfrac{\pi}{3}} \int_{\frac{\pi}{6}+\alpha}^{\frac{\pi}{2}+\alpha} \sqrt{6}\,U_2\left(\sin\omega t + \frac{\pi}{6}\right)\mathrm{d}(\omega t) = 2.34 U_2 \cos\alpha \qquad (2\text{-}75)$$

（6）晶闸管的额定电流为

$$I_{\mathrm{TAV}} \geqslant (1.5 \sim 2)\frac{I_{\mathrm{VT}}}{1.57} \approx (1.5 \sim 2) \times 0.368 I_{\mathrm{d}}$$

（7）晶闸管承受的最大反向电压为变压器二次线电压峰值，即

$$U_{\mathrm{RM}} = \sqrt{2} \times \sqrt{3}\,U_2 = \sqrt{6}\,U_2 = 2.45 U_2 \qquad (2\text{-}76)$$

（8）当 $\omega L \gg R$ 时，$i_{\mathrm{d}} = I_{\mathrm{d}}$，当整流变压器采用星形联结，带阻感负载时，变压器二次侧电流波形为正负半周各宽 120°、前沿相差 180° 的矩形波，其有效值为

$$I_2 = \sqrt{\frac{1}{2\pi}\left[I_{\mathrm{d}}^2 \times \frac{2\pi}{3} + (-I_{\mathrm{d}})^2 \times \frac{2}{3}\pi\right]} = \sqrt{\frac{2}{3}}\,I_{\mathrm{d}} = 0.816 I_{\mathrm{d}} \qquad (2\text{-}77)$$

晶闸管电压、电流等的定量分析与三相半波时一致。

（9）通过晶闸管电流平均值：$I_{\mathrm{dVT}} = \dfrac{1}{3}I_{\mathrm{d}}$；

通过晶闸管电流有效值：$I_{\mathrm{VT}} = \dfrac{I_{\mathrm{d}}}{\sqrt{3}}$；

通过变压器二次侧电流有效值：$I_2 = \sqrt{\dfrac{2}{3}}\,I_{\mathrm{d}}$。

（10）晶闸管的额定电压：

$$U_{\mathrm{DRM}} = (2 \sim 3)\sqrt{2} \times \sqrt{3}\,U_2 = (2 \sim 3)\sqrt{6}\,U_2 = (2 \sim 3) \times 2.45 U_2 \qquad (2\text{-}78)$$

例 2-4：现有单相半波、单相桥式、三相半波、三相全桥整流器电路，如果负载电流 $I_{\mathrm{d}} = 50\mathrm{A}$，试分析：串接在二极管或者晶闸管中的熔断器的电流是否一样？

分析：

（1）单相半波整流器电路，流过二极管或者晶闸管的平均电流 I_{D} 与负载电流 I_{d} 相等，即 $I_{\mathrm{D}} = I_{\mathrm{d}} = 50\mathrm{A}$，那么，流过二极管或者晶闸管的电流有效值：$I_{\mathrm{T}} = 1.57 I_{\mathrm{D}} = 1.57 \times 50\mathrm{A} = 78.5\mathrm{A}$，因此，熔断器需要按照有效值电流 78.5A 酌情选择。

（2）单相桥式整流器电路，流过二极管或者晶闸管的电流有效值：

$$I_{\mathrm{T}} = \frac{I_{\mathrm{d}}}{\sqrt{2}} = \frac{50}{\sqrt{2}}\mathrm{A} \approx 35.4\mathrm{A}$$

因此，熔断器需要按照有效值电流 35.4A 酌情选择。

（3）三相半波整流器电路，流过二极管或者晶闸管的电流有效值：

$$I_T = \frac{I_d}{\sqrt{3}} = \frac{50}{\sqrt{3}}A \approx 28.9A$$

因此，熔断器需要按照有效值电流 28.9A 酌情选择。

（4）三相全桥整流器电路，流过二极管或者晶闸管的电流有效值：

$$I_T = \frac{I_d}{\sqrt{3}} = \frac{50}{\sqrt{3}}A \approx 28.9A$$

因此，熔断器需要按照有效值电流 28.9A 酌情选择。

2.4 整流装置建模示例设计

2.4.1 单相桥式全控整流器建模示例分析

前面例 2-1 涉及单相不控整流桥的计算，例 2-2 和例 2-3 涉及三相不控整流桥的计算，由于它们的模型相对比较简单，恕本书不以它们为例讲解建模过程。

下面给出单相桥式全控整流 + 反电动势电路的建模过程。

图 2-21 所示为单相桥式全控整流 + 反电动势的电路拓扑。

例 2-5：如图 2-21 所示，在单相桥式全控整流电路中，$U_1 = 220V$（工作频率 50Hz），$U_2 = 100V$，负载 $R = 2\Omega$，L 值极大（取值示例：2H），变压器容量 20kVA，反电动势 $E = 60V$，当 $\alpha = 30°$ 时，要求：

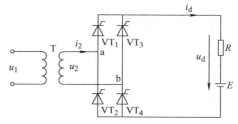

图 2-21 单相桥式全控整流 +
反电动势的电路拓扑

（1）求整流输出平均电压 U_d、电流 I_d，变压器二次侧电流有效值 I_2；

（2）考虑安全阈量，确定晶闸管的额定电压和额定电流；

（3）给出 u_d、i_d 和 i_2 的仿真波形。

分析：

（1）整流输出平均电压：

$$U_d = 0.9U_2\cos\alpha = 0.9 \times 100V \times \cos30° = 77.97V \tag{2-79}$$

电流：

$$I_d = (U_d - E)/R = (77.97V - 60V)/2\Omega = 9A \tag{2-80}$$

变压器二次侧电流有效值：

$$I_2 = I_d = 9\text{A} \tag{2-81}$$

（2）晶闸管承受的最大反向电压：

$$U_{RM} = \sqrt{2}\,U_2 = 100\sqrt{2}\,\text{V} = 141.4\text{V} \tag{2-82}$$

流过每个晶闸管的电流的有效值：

$$I_{VT} = I_d/\sqrt{2} = 6.36\text{A} \tag{2-83}$$

晶闸管的额定电压，即电压选型表达式为

$$U_N = (2\sim3)\times141.4\text{V} = (283\sim424)\text{V} \tag{2-84}$$

晶闸管的额定电流，即电流选型表达式为

$$I_N = (1.5\sim2)\times6.36/1.57\text{A} = (6\sim8)\text{A} \tag{2-85}$$

晶闸管额定电压和电流的具体数值可按晶闸管产品系列参数选取。

（3）u_d、i_d 和 i_2 的仿真波形图

图 2-22 所示为单相桥式全控整流电路的仿真模型。

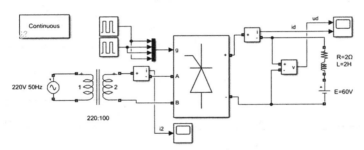

图 2-22　单相桥式全控整流电路的仿真模型

现将建模过程简述如下：

（1）交流电压源模块的调取，选择 Simscape/Electrical/Specialized Power Systems/Fundamental Blocks/Electrical Source 模块库，选择 AC Voltage Source 模块，其参数设置如图 2-23 所示。

（2）线性变压器模块的调取，选择 Simscape/Electrical/Specialized Power Systems/Fundamental Blocks/Elements 模块库，选择 Linear Transformer 模块，其参数设置如图 2-24 所示。

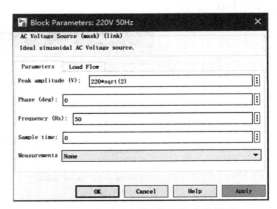

图 2-23　交流电压源模块的参数设置

（3）通用电桥模块的调取，选择 Simscape/Electrical/Specialized Power Systems/Fundamental Blocks/Power Electronics 模块库，选择 Universal Bridge 模块，其参数设置如图 2-25 所示，对晶闸管设置了阻容吸收模块，其吸收电阻为 47Ω，吸收电容为 10nF。

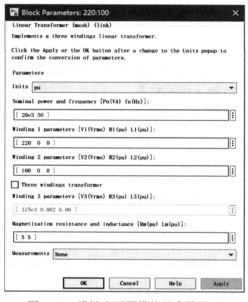

图 2-24　线性变压器模块的参数设置 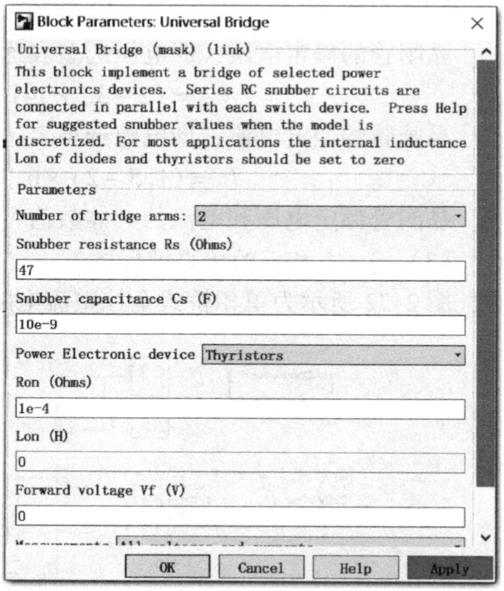　　　　图 2-25　通用电桥模块的参数设置

（4）电阻电感电容模块的调取，选择 Simscape/Electrical/Specialized Power Systems/Fundamental Blocks/Elements 模块库，选择 Series RLC Branch 模块，其参数设置如图 2-26 所示。

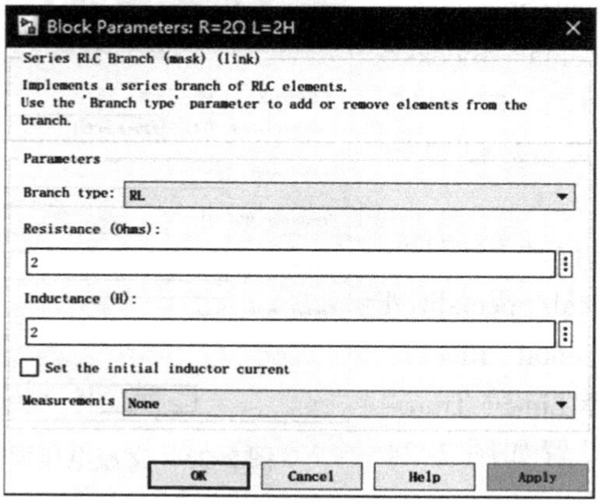

图 2-26　电阻电感参数设置

（5）直流电压源模块的调取，选择 Simscape/Electrical/Specialized Power Systems/Fundamental Blocks/Electrical Source 模块库，选择 DC Voltage Source 模块，其参数设置如图 2-27 所示。

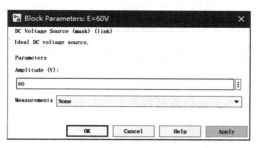

图 2-27　直流电压源模块的参数设置

（6）脉冲发生器模块的调取，选择 Simulink/Sources 模块库，选择 Pulse Generator 模块，其参数设置如图 2-28 所示，因为频率 f 是 50Hz，所以周期为 $1/f = 0.02s$。由于触发角 $\alpha = 30°$，所以给 VT_1、VT_4 的脉冲要滞后（$30°/360° * 0.02$）s，给 VT_2、VT_3 的脉冲要滞后（$30°/360° * 0.02 + 0.01$）s。

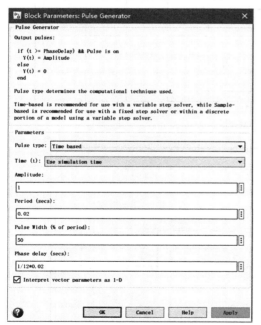
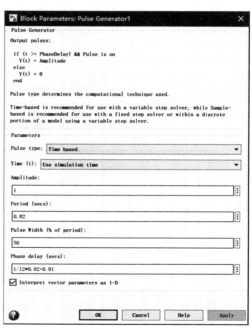

a) 晶闸管 VT_1、VT_4 脉冲参数设置　　　　b) 晶闸管 VT_2、VT_3 脉冲参数设置

图 2-28　脉冲发生器模块的参数设置

（7）电压电流测量模块的调取，选择 Simscape/Electrical/Specialized Power Systems/Fundamental Blocks/Measurements 模块库，选择 Voltage Measurement、Current Measurement。

（8）示波器模块的调取，选择 Simulink/Commonly Used Blocks 模块库，选择 Scope 模块。

（9）powergui 模块的调取，选择 Simscape/Electrical/Specialized Power Systems/Fundamental Blocks 模块库，选择 powergui。

图 2-29 表示 u_d、i_d 和 i_2 的工作波形。

图 2-30 表示 u_d、i_d 和 i_2 的仿真波形。

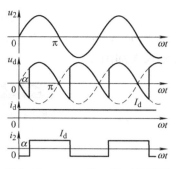

图 2-29　u_d、i_d 和 i_2 的工作波形

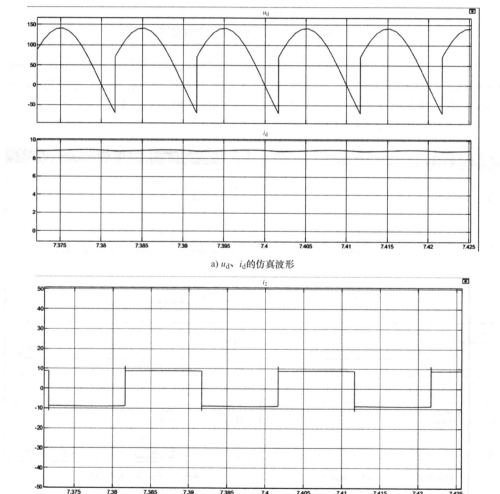

a) u_d、i_d 的仿真波形

b) i_2 的仿真波形

图 2-30　u_d、i_d 和 i_2 的仿真波形

2.4.2　多脉波整流器建模示例分析

整流装置功率越大，它对电网的干扰也越严重。在一个电源周期中整流输出电压 U_D 脉波数 m 越多，则输出电压中谐波阶次越高，谐波幅值越小，整流特性越好。整流装置的交流电流中的谐波频率越高，谐波电流数值也越小。为了减轻整流装置谐波对电网的影响，可采用两个三相桥式整流，并联输出的六相 12 脉波相控整流电路，如图 2-31 所示。

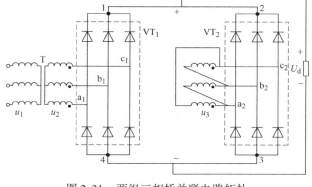

图 2-31　两组三相桥并联电路拓扑

例 2-6： 已知输入线电压有效值 $u_1 = 380\text{V}$，输出线电压有效值 $u_2 = 1000\text{V}$，输出相电压有效值 $u_3 = 1000\text{V}$，变压器容量 20kVA，电阻负载 $R = 10\Omega$，获取：

（1）负载的端电压和电流波形；

（2）流过整流桥 VT_1 的某个二极管的电压和电流波形；

（3）流过整流桥 VT_2 的某个二极管的电压和电流波形；

（4）流过变压器 T 的三角形绕组的电流波形。

图 2-32 表示多脉波整流电路的仿真模型。

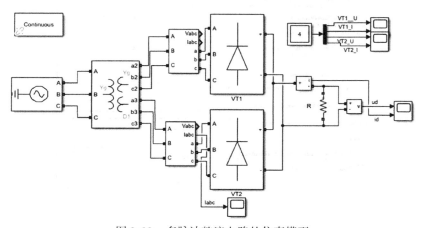

图 2-32　多脉波整流电路的仿真模型

现将建模过程简述如下：

（1）三相交流电压源模块的调取，选择 Simscape/Electrical/Specialized Power Systems/Fundamental Blocks/Electrical Source 模块库，选择 Three-Phase Source 模块，

其参数设置如图2-33所示。

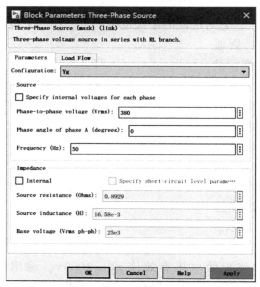

图2-33　三相交流电压源模块的参数设置

（2）三绕组三相变压器模块的调取，选择Simscape/Electrical/Specialized Power Systems/Fundamental Blocks/Elements模块库，选择Three-Phase Transformer（Three Windings）模块，其参数设置如图2-34所示。

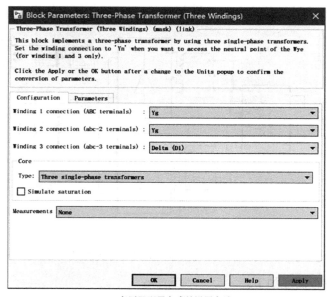

a) 变压器配置方式的设置方法

图2-34　三绕组三相变压器模块的参数设置

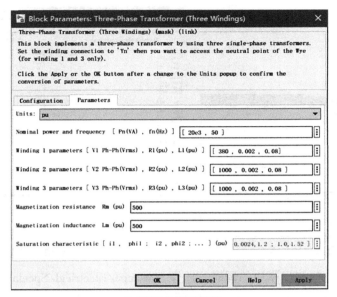

b) 绕组参数的设置方法

图 2-34 三绕组三相变压器模块的参数设置 (续)

(3) 通用电桥模块的调取, 选择 Simscape/Electrical/Specialized Power Systems/Fundamental Blocks/Power Electronics 模块库, 选择 Universal Bridge 模块, 其参数设置如图 2-35 所示, 它代表 VT_1 的参数, 其中设计了吸收模块, 吸收电阻取 10Ω, 吸收电容去 $10nF$; 两个整流桥模块参数相同。

(4) 电阻电感电容模块的调取, 选择 Simscape/Electrical/Specialized Power Systems/Fundamental Blocks/Elements 模块库, 选择 Series RLC Branch 模块, 其参数设置如图 2-36 所示。

(5) 万用表模块的调取, 选择 Simscape/Electrical/Specialized Power Systems/Fundamental Blocks/Measurements 模块库, 选择 Multimeter 模块, 其参数设置如图 2-37 所示, 调用整流桥 VT_1 和 VT_2 的二极管的电压和电流波形。

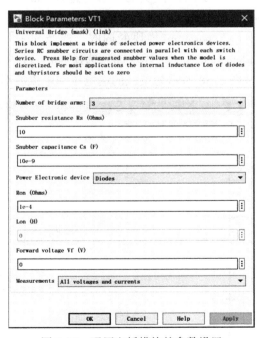

图 2-35 通用电桥模块的参数设置

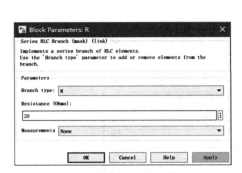

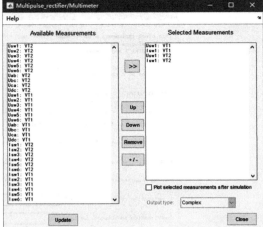

图 2-36　负载电阻的参数设置　　　　　　图 2-37　万用表模块的参数设置

（6）电压电流测量模块的调取，选择 Simscape/Electrical/Specialized Power Systems/Fundamental Blocks/Measurements 模块库，选择 Voltage Measurement、Current Measurement 和 Three-Phase V-I Measurement。

（7）示波器模块的调取，选择 Simulink/Commonly Used Blocks 模块库，选择 Scope 模块。

（8）powergui 模块的调取，选择 Simscape/Electrical/Specialized Power Systems/Fundamental Blocks 模块库，选择 powergui 模块。

图 2-38 所示为负载的端电压和电流波形 u_d、i_d 的仿真波形。

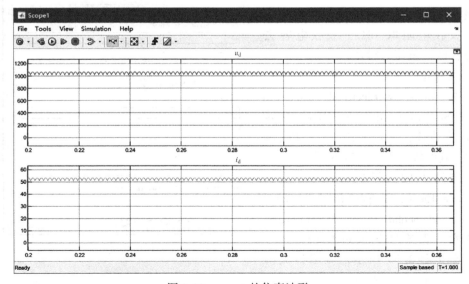

图 2-38　u_d、i_d 的仿真波形

图 2-39 所示为流过整流桥 VT₁ 的某个二极管的电压和电流仿真波形。

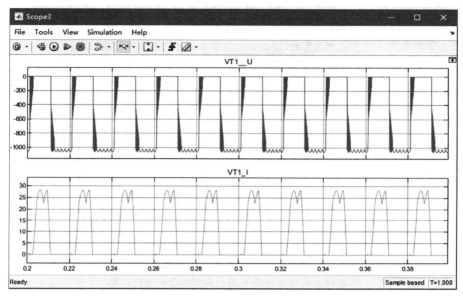

图 2-39   流过 VT_1 的某个二极管的电压和电流仿真波形

图 2-40 所示为流过整流桥 VT₂ 的某个二极管的电压和电流仿真波形。

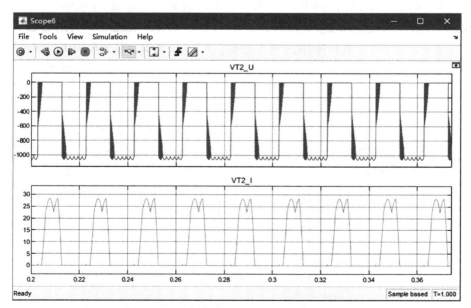

图 2-40   流过 VT_2 的某个二极管的电压和电流仿真波形

图 2-41 所示为流过变压器 T 的三角形绕组的电流波形。

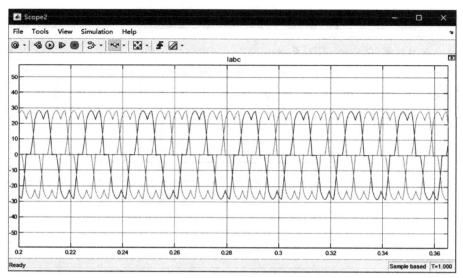

图 2-41　流过变压器 T 的三角形绕组的电流波形

2.4.3　三相 PWM 整流器建模示例分析

三相 PWM 整流电路，如图 2-42 所示，输入线电压有效值 $U_1 = 380\text{V}$（工作频率 50Hz），输出直流电压 $U_{dc} = 710\text{V}$，额定功率 20kVA，负载 $R = (710\char`\^2/2e4)\,\Omega$。交流部分 LC 滤波器，电容采用三角形连接，$L_m = 1.5\text{mH}$，$C_f = 6.8\mu\text{F}$，交流侧等效电阻 $R = 0.03\Omega$。整流桥开关频率 f_s 为 16kHz。直流侧支撑电容 $C = 6.8\text{mF}$。

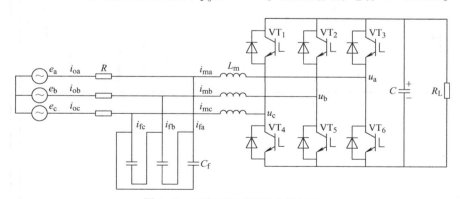

图 2-42　三相 PWM 整流电路拓扑

图 2-43 所示为三相 PWM 整流电路的仿真模型，图 2-44 所示为 PWM 整流控制器模型。

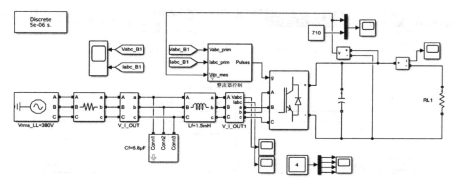

图 2-43　三相 PWM 整流电路的仿真模型

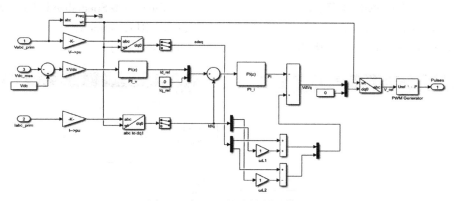

图 2-44　PWM 整流控制器模型

现将建模过程简述如下：

（1）三相交流电压源模块的调取，选择 Simscape/Electrical/Specialized Power Systems/Fundamental Blocks/Electrical Source 模块库，选择 Three-Phase Source 模块，其参数设置如图 2-45 所示。

（2）三相电阻电感电容模块的调取，选择 Simscape/Electrical/Specialized Power Systems/Fundamental Blocks/Elements 模块库，选择 Three-Phase Series RLC Branch，滤波电感和等效电阻参数设置如图 2-46 和图 2-47 所示。

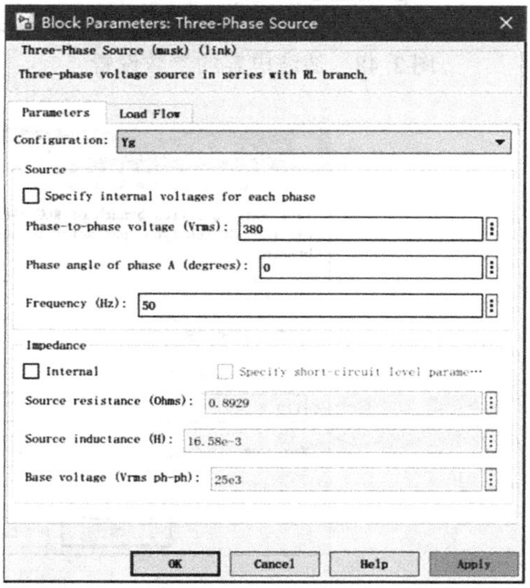

图 2-45　三相交流电压源模块的参数设置

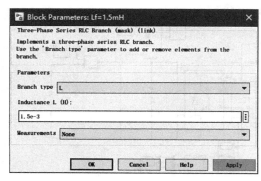

图 2-46　滤波电感的参数设置

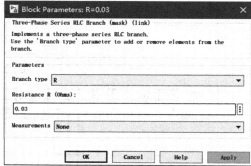

图 2-47　电路等效电阻的参数设置

（3）电阻电感电容模块的调取，选择 Simscape/Electrical/Specialized Power Systems/Fundamental Blocks/Elements 模块库，选择 Series RLC Branch，滤波电容、支撑电容和负载电阻参数设置如图 2-48、图 2-49 和图 2-50 所示。

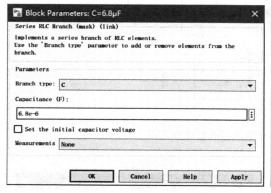

图 2-48　滤波电容的参数设置

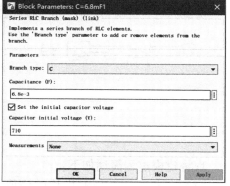

图 2-49　支撑电容的参数设置

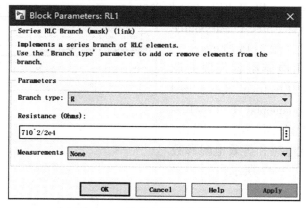

图 2-50　负载电阻的参数设置

（4）通用电桥模块的调取，选择 Simscape/Electrical/Specialized Power Systems/ Fundamental Blocks/Power Electronics 模块库，选择 Universal Bridge 模块，其参数设置如图 2-51 所示。

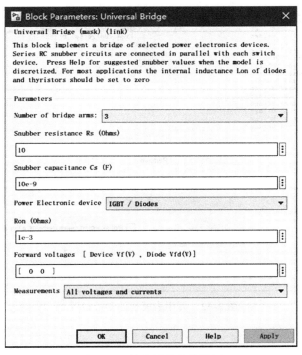

图 2-51　整流桥的参数设置

（5）万用表模块的调取，选择 Simscape/Electrical/Specialized Power Systems/ Fundamental Blocks/Measurements 模块库，选择 Multimeter 模块，其参数设置如图 2-52 所示。

（6）电压电流测量模块的调取，选择 Simscape/Electrical/Specialized Power Systems/Fundamental Blocks/Measurements 模块库，选择 Voltage Measurement、Current Measurement 和 Three-Phase V-I Measurement。

（7）示波器模块的调取，选择 Simulink/Commonly Used Blocks 模块库，选择 Scope 模块。

（8）powergui 模块的调取，选择 Simscape/Electrical/Specialized Power Systems/ Fundamental Blocks 模块库，选择 powergui 模块，其参数设置如图 2-53 所示。

（9）Gain 模块的调取，选择 Simulink/Commonly Used Blocks，选择 Gain 模块，交流电压电流、直流电压标幺化模块，以及电流解耦 ωL 模块的参数设置分别如图 2-54 ~ 图 2-57 所示。

图 2-52　万用表模块的参数设置

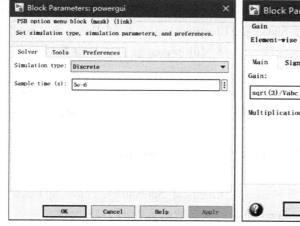

图 2-53　powergui 模块的参数设置

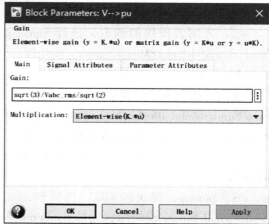

图 2-54　交流电压的标幺化参数设置

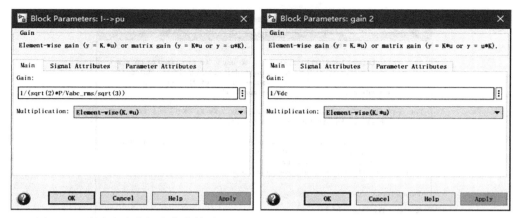

图 2-55　交流电流的标幺化参数设置　　　图 2-56　直流电压的标幺化参数设置

（10）Constant 模块的调取，选择 Simulink/Commonly Used Blocks 模块库，选择 Constant，参考直流电压模块的参数设置如图 2-58 所示。

（11）锁相环模块的调取，选择 Simscape/Electrical/Specialized Power Systems/Control & measurements/PLL 模块库，选择 PLL（3ph）模块，其参数设置如图 2-59 所示。

（12）abc to dq0 变换模块和 dq0 to abc 变换模块的调取，选择 Simscape/Electrical/Specialized Power Systems/Control & measurements/Transformations 模块库，选择 abc to dq0 模块和 dq0 to abc 模块。

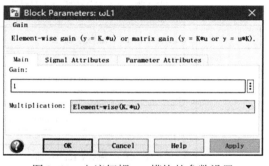

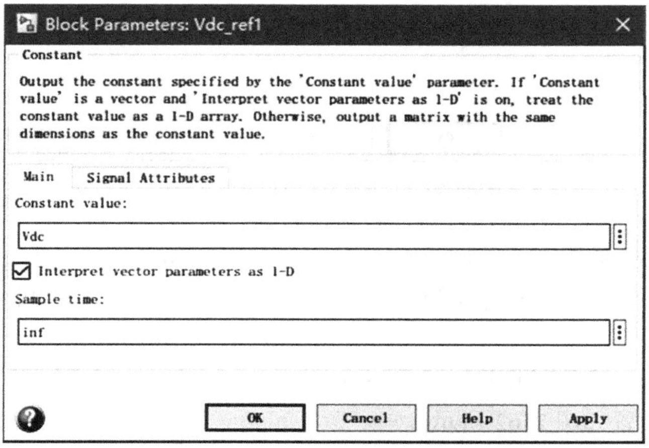

图 2-57　电流解耦 ωL 模块的参数设置

图 2-58　参考直流电压模块的参数设置

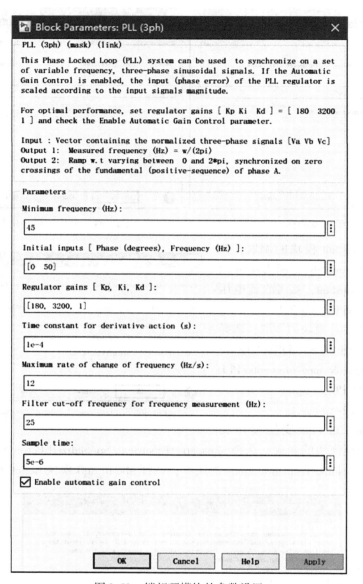

图 2-59　锁相环模块的参数设置

（13）PID 控制器模块的调取，选择 Simulink/Continuous 模块库，选择 PID Controller 模块，电压环 PI 的参数设置如图 2-60 所示，电流环 PI 的参数设置如图 2-61 所示。

（14）Selector 模块的调取，选择 Simulink/Signal Routing 模块库，选择 Selector 模块，其参数设置如图 2-62 所示。

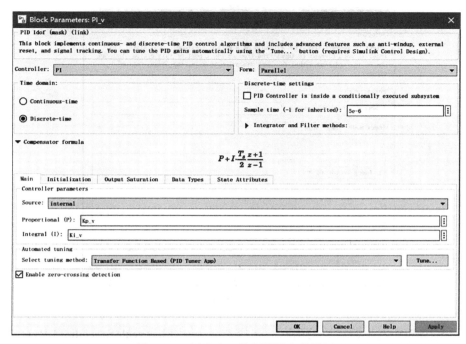

图 2-60　电压环 PI 控制器的参数设置

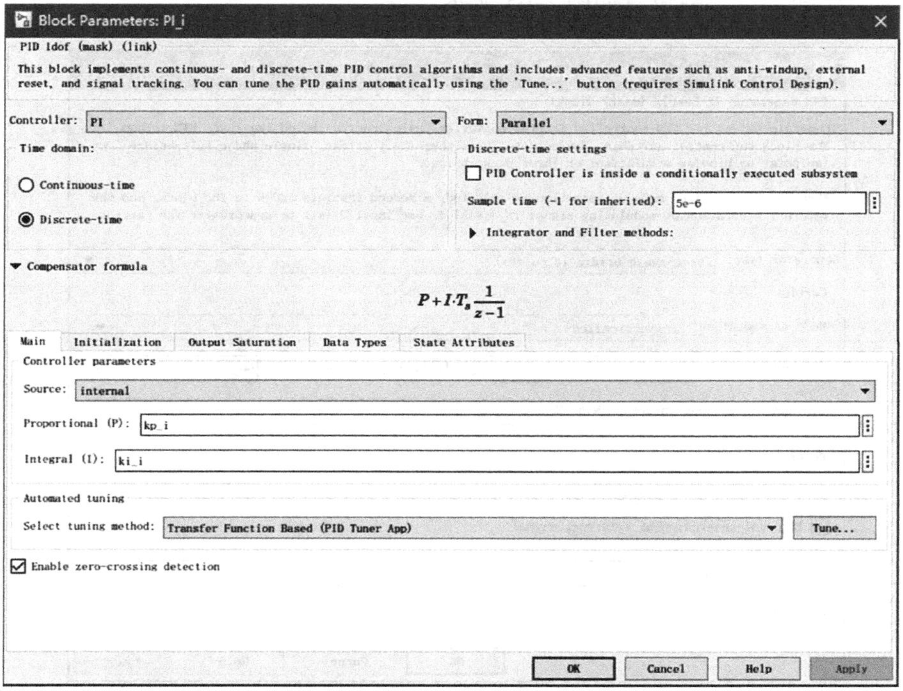

图 2-61　电流环 PI 控制器的参数设置

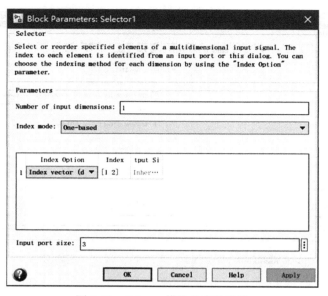

图 2-62　Selector 模块的参数设置

（15）PWM 发生器模块的调取，选择 Simscape/Electrical/Specialized Power Systems/Control & measurements/Pulse & Signal Generators 模块库，选择 PWM Generator（2-Level）模块，其参数设置如图 2-63 所示。

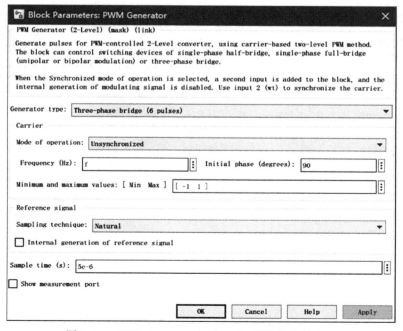

图 2-63　PWM Generator（2-Level）模块的参数设置

（16）Add 和 Sum 模块的调取，选择 Simulink/Math Operations 模块库，选择 Add 模块和 Sum 模块。

将整流控制器整合为一个子系统，通过 Mask Editor（快捷键 Ctrl + M）创建整流控制器模块封装，如图 2-64 所示；整流控制器模块参数如图 2-65 所示。

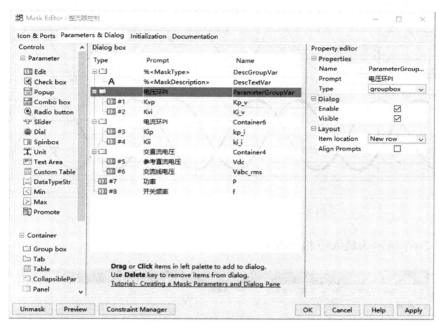

图 2-64　整流控制器模块封装

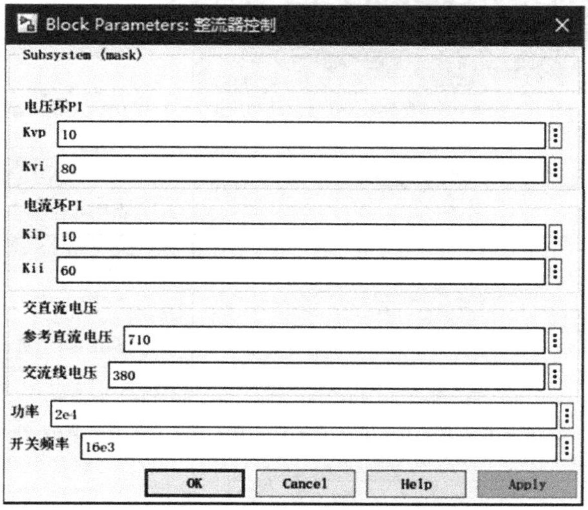

图 2-65　整流控制器模块参数

图 2-66 所示为输入三相电压和电流仿真波形。

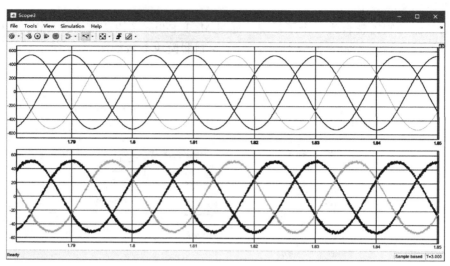

图 2-66　输入三相电压和电流仿真波形

图 2-67 所示为输入三相电流 FFT 分析结果。

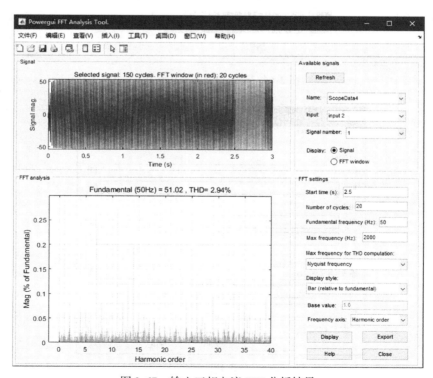

图 2-67　输入三相电流 FFT 分析结果

图 2-68 所示为负载的端电压 u_d 和电流 i_d 的仿真波形。

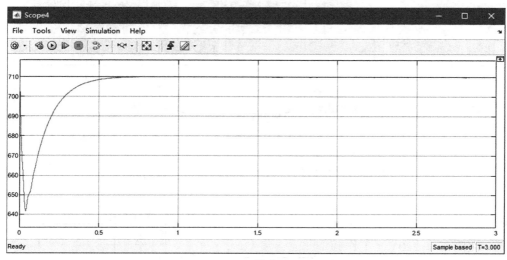

a) u_d 波形

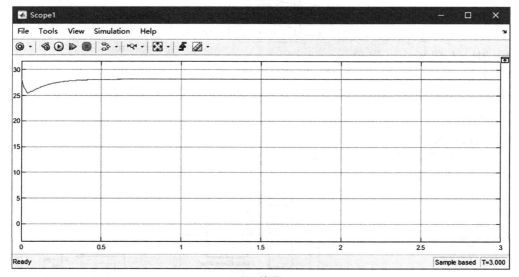

b) i_d 波形

图 2-68 负载的端电压和电流仿真波形

图 2-69 所示为流过整流桥的某个二极管的电压和电流仿真波形。

2.4.4 三相桥式全控整流器建模示例分析

三相桥式全控整流电路，如图 2-70 所示。

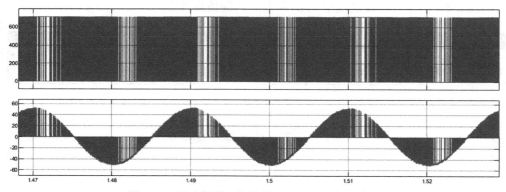

图 2-69　整流桥某二极管的电压和电流仿真波形

如图 2-70 所示，在三相桥式全控整流电路中，相电压一次侧 $U_1 = 220V$（工作频率 50Hz），相电压二次侧 $U_2 = 100V$，晶闸管的吸收电阻为 47Ω，吸收电容 10nF 负载，$R = 2\Omega$，L 值极大（取值示例：0.2H），变压器容量 20kVA，反电势 $E = 60V$，当 $\alpha = 30°$ 时，要求：给出 u_d、i_d 和 i_2 的仿真波形。

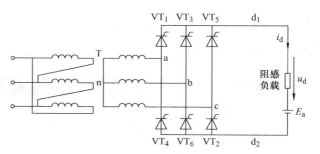

图 2-70　三相桥式全控整流电路拓扑

图 2-71 表示三相桥式全控整流电路的仿真模型。

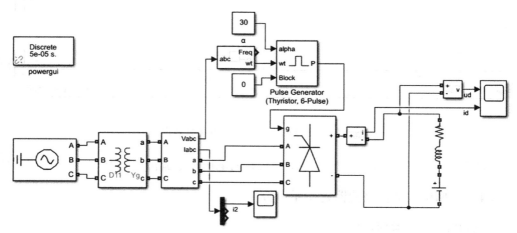

图 2-71　三相桥式全控整流电路的仿真模型

现将建模过程简述如下：

（1）三相交流电压源模块的调取，选择 Simscape/Electrical/Specialized Power Systems/Fundamental Blocks/Electrical Source 模块库，选择 Three-Phase Source 模块，其参数设置如图 2-72 所示。

（2）三相变压器模块的调取，选择 Simscape/Electrical/Specialized Power Systems/Fundamental Blocks/Elements 模块库，选择 Three-Phase Transformer(Two Windings)模块，其参数设置如图 2-73 所示。

（3）通用电桥模块的调取，选择 Simscape/Electrical/Specialized Power Systems/Fundamental Blocks/Power Electronics 模块库，选择 Universal Bridge 模块，其参数设置如图 2-74 所示。

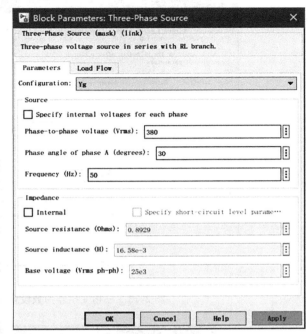

图 2-72　三相交流电压源参数设置

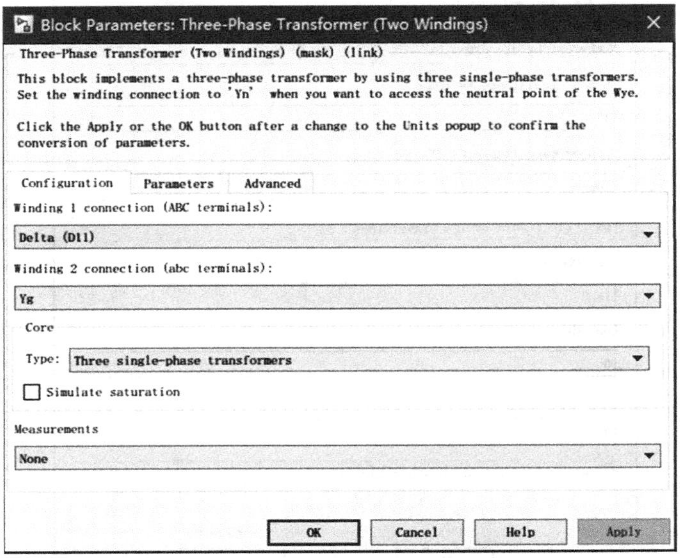

图 2-73　三相变压器参数设置

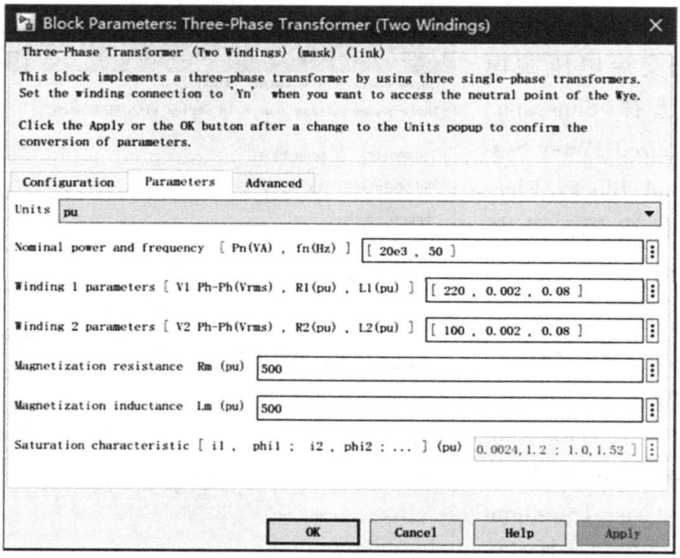

b)

图 2-73　三相变压器参数设置（续）

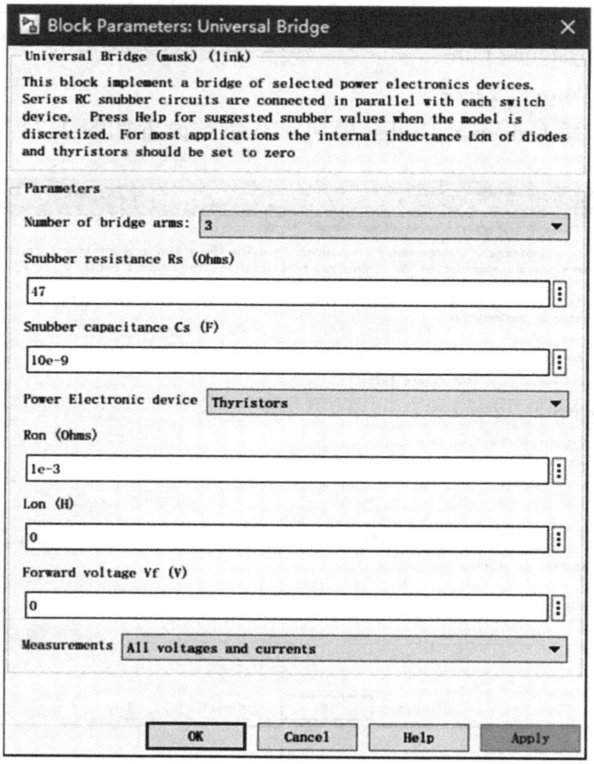

图 2-74　整流桥的参数设置

（4）电阻电感电容模块的调取，选择 Simscape/Electrical/Specialized Power Systems/Fundamental Blocks/Elements 模块库，选择 Series RLC Branch 模块，其参数设置如图 2-75 所示。

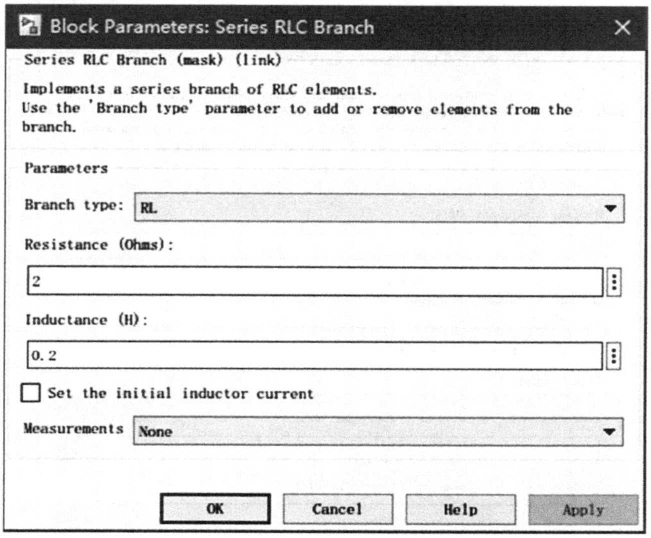

图 2-75　阻感负载参数设置

（5）直流电压源模块的调取，选择 Simscape/Electrical/Specialized Power Systems/Fundamental Blocks/Electrical Source 模块库，选择 DC Voltage Source 模块，其参数设置如图 2-76 所示。

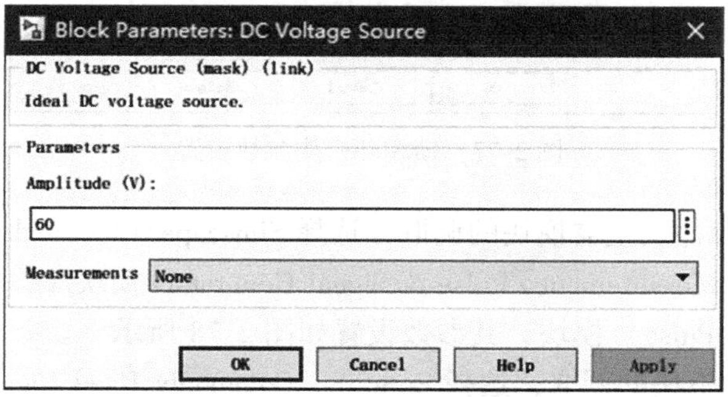

图 2-76　反电动势参数设置

（6）锁相环模块的调取，选择 Simscape/Electrical/Specialized Power Systems/Control & measurements/PLL 模块库，选择 PLL（3ph）模块，其参数设置如图 2-77 所示。

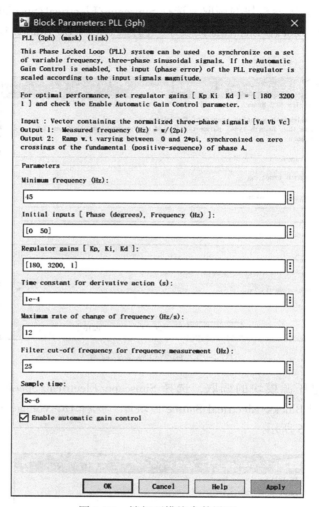

图 2-77 锁相环模块参数设置

（7）晶闸管脉冲发生器模块的调取，选择 Simscape/Electrical/Specialized Power Systems/Control & Measurements/Pulse & Signal Generators 模块库，选择 Pulse Generator（Thyristor，6-Pulse）模块，其参数设置如图 2-78 所示。

（8）Constant 模块的调取，选择 Simulink/Commonly Used Blocks 模块库，选择 Constant 模块，其参数设置如图 2-79 所示。

（9）电压电流测量模块的调取，选择 Simscape/Electrical/Specialized Power Systems/Fundamental Blocks/Measurements 模块库，选择 Voltage Measurement、Current Measurement 和 Three-Phase V-I Measurement。

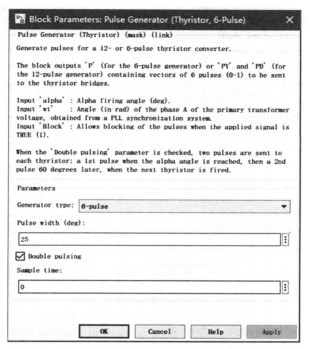

图 2-78　晶闸管脉冲发生器参数设置

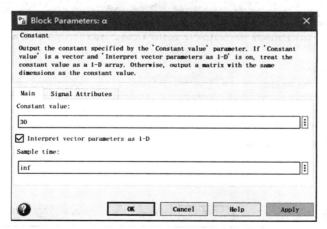

图 2-79　触发角设置 $\alpha = 30°$

（10）示波器模块的调取，选择 Simulink/Commonly Used Blocks 模块库，选择 Scope 模块。

（11）powergui 模块的调取，选择 Simscape/Electrical/Specialized Power Systems/ Fundamental Blocks 模块库，选择 powergui 模块，其参数设置如图 2-80 所示。

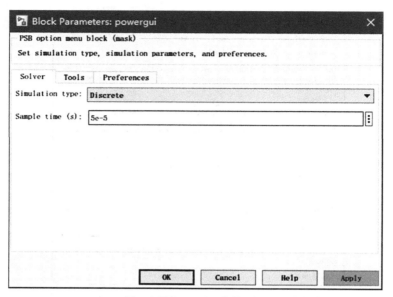

图 2-80 powergui 参数设置

（12）Demux 模块的调取，选择 Simulink/Signal Routing 模块库，选择 Demux 模块，其参数设置如图 2-81 所示。

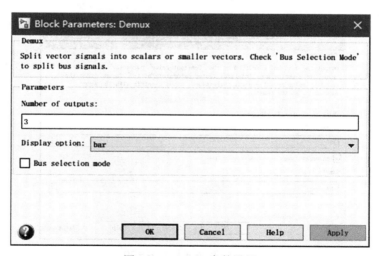

图 2-81 Demux 参数设置

图 2-82 所示为 u_d、i_d 和 i_2 的仿真波形。

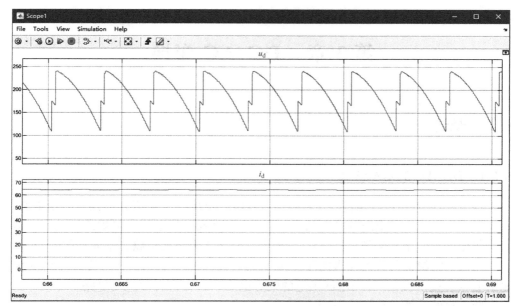

a) u_{d}、i_{d}波形

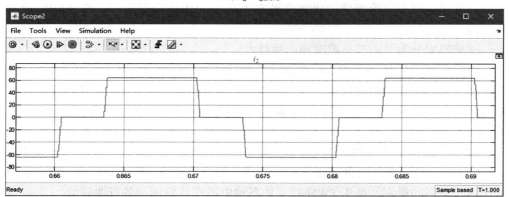

b) i_2波形

图 2-82　u_{d}、i_{d} 和 i_2 的仿真波形

第3章 DC/AC 变换

3.1 概述

3.1.1 DC/AC 的基本含义

DC/AC 变换器是指能将一定幅值的直流输入电压（或电流）变换成一定幅值、一定频率的交流输出电压（或电流），并向无源负载（如电机、电炉或其他用电器等）供电的电力电子装置。DC/AC 变换器又称为无源逆变电路，常简称作逆变器。

能把一定幅值的直流输入电压（或电流）变换成一定幅值、一定频率的交流输出电压（或电流），并向电网供电的电力电子装置称为有源逆变电路，习惯作为整流器电路的馈能运行进行讨论。

逆变器有很多应用领域，比如在航空工业中利用逆变器提供一个 400Hz 的中频电源。

逆变器划分为两个产品范围和两种技术：

（1）独立或单体逆变器，应用范围从几百伏安到 60kVA（单相或三相）。在这个领域，我们能看到两种技术，即 SCR/GTO 技术和开关模式 PWM 技术应用在最新的产品中，如 SCR/GTO 技术用在高功率系统（如 5 ~ 100kVA 不等），PWM 技术用在小逆变器中（如 2 ~ 3kVA 不等）。

（2）并联逆变器，利用开关模式 PWM 技术。并联意味着模块之间的通信或控制，它需要在逆变模块之间实现真正的负载共享、保持各并联模块同步和维持输出电压值、频率的稳定。基于 PWM 技术的各种电源广泛应用于各行业领域。

3.1.2 DC/AC 的基本分类

（1）逆变器中直流侧必须设置储能元件，如电感元件和电容元件。按直流侧储能元件的性质，逆变器可分为

1）电压型逆变器（Voltage Source Inverter, VSI）：当逆变器直流侧设置电容元件且电容容量足够大时，此时由于直流侧的低输出阻抗，因而呈现出电压源特性。

2）电流型逆变器（Current Source Inverter, CSI）：当逆变器直流侧设置电感元件且电感值足够大时，此时由于直流侧的高输出阻抗，因而呈现出电流源特性。

储能元件的作用包括：

① 直流侧的滤波作用；

② 缓冲负载的无功能量。

（2）按逆变器输出波形的不同，逆变器可分为

1）方波逆变器：常采用脉冲幅值调制（PAM）控制。

2）阶梯波逆变器：常采用移相叠加控制。

3）正弦波逆变器：常采用脉冲宽度调制（PWM）控制。

（3）按逆变器功率电路结构形式的不同，逆变器可分为：半桥逆变器、全桥逆变器、推挽式逆变器等。

（4）按逆变器功率电路的功率器件的不同，逆变器可分为：

1）半控型逆变器：功率电路的功率器件采用半控型功率器件。

2）全控型逆变器：功率电路的功率器件采用全控型功率器件。

（5）按逆变器输出频率的不同，逆变器可分为工频逆变器（50/60Hz）、中频逆变器（400Hz ~ 数 kHz）以及高频逆变器（数十 kHz ~ MHz）。

（6）按逆变器输出交流电的相数的不同，逆变器可分为单相逆变器、三相逆变器以及多相逆变器。

（7）按逆变器输入、输出是否隔离，逆变器可分为：

1）隔离型逆变器：低频隔离型逆变器和高频隔离型逆变器两类。

2）非隔离型逆变器。

（8）按逆变器输出电平的不同，逆变器可分为两电平逆变器、三电平逆变器和多电平逆变器。

3.1.3 DC/AC 的基本性能指标

现将逆变器的输出波形性能指标总结如下：

1. 谐波系数 HF（Harmonic Factor）

表征实际波形中第 n 次谐波与基波相比的相对值。第 n 次谐波系数 HF_n 定义为第 n 次谐波分量有效值 U_n 与基波分量有效值 U_1 之比，即

$$HF_n = \frac{U_n}{U_1} \tag{3-1}$$

2. 总谐波畸变系数 THD（Total Harmonic Distortion Factor）

表征实际波形同基波分量的接近程度。总谐波畸变系数 THD 定义为各次谐波分量有效值 U_n（$n = 2, 3 \cdots$）的方均根与基波分量有效值 U_1 之比，即

$$THD = \frac{1}{U_1}\left(\sum_{n=2,3\cdots}^{\infty} U_n^2\right)^{\frac{1}{2}} \tag{3-2}$$

3. 畸变系数 DF（Distortion Factor）

表征实际波形中每一次谐波分量对波形畸变的影响程度。考察第 n 次谐波对波形畸变的影响程度，可定义第 n 次谐波的畸变系数 DF_n 为

$$DF_n = \frac{U_n}{U_1 n^2} \qquad\qquad (3\text{-}3)$$

4. 最低次谐波 LOH（Lowest-Order Harmonic）

定义为与基波频率最接近的谐波。

除了上述指标之外，根据具体应用场合的不同还会牵涉到下面的部分或者全部性能指标：

1）额定容量；

2）逆变效率；

3）输出频率精度；

4）功率密度；

5）输出直流分量；

6）过载能力；

7）短路能力；

8）允许输入电压；

9）输出电压精度；

10）负载功率因数；

11）平均无故障间隔时间（MTBF）。

DC/AC 变换器，作为将直流电源转化成电压和频率稳定的交流电源，根据实际应用的需要而改变输入电压。图 3-1 所示为三相逆变器的典型拓扑。

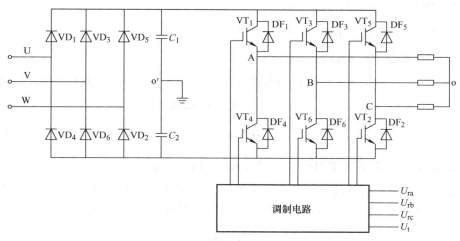

图 3-1　三相逆变器的典型拓扑

如图 3-1 所示，三相逆变器的典型组成包括：

（1）不控整流环节：采用 6 个二极管 $VD_1 \sim VD_6$ 整流。

（2）逆变环节：6 个快速功率开关器件 $VT_1 \sim VT_6$（如 IGBT）和 6 个快速续流

二极管 $DF_1 \sim DF_6$ 组成，大多数情况下，IGBT 模块中集成有快速续流二极管。

（3）三相对称负载：大多为阻感负载或者感性负载。

（4）调制电路：用于控制 IGBT 通断，图中 U_{ra}、U_{rb}、U_{rc} 分别表示三路参考电压；U_t 表示载波信号。

三相桥式 PWM 变频电路是变频电路中使用最多的，它被广泛应用在异步电动机的变频调速中，其控制方式常用双极性方式。

3.2 单相逆变器数量关系

3.2.1 单相半桥的数量关系

图 3-2 所示为单相半桥电压型逆变电路拓扑。直流电压 U_d 经直流母线电容滤波 C_1、C_2 分压，VT_1、VT_2 交替导通/关断；负载上的电压幅值为 U_d 的一半，功率为全桥逆变器的四分之一；开关管 VT_1、VT_2 上承受的最大电压为 U_d；控制方式主要是 PWM 脉宽调制控制、移相控制等。

单相半桥电压型逆变电路拓扑的优点：使用简单、器件少。

单相半桥电压型逆变电路拓扑的缺点：输出交流电压的幅值 U_m 仅为 $U_d/2$，且直流侧需要两个电容器串联，工作时还要控制两个电容器电压的均衡；因此，半桥电路常用于数 kW 以下的小功率逆变电源装置中。

图 3-3 所示为单相半桥电压型逆变电路的工作波形，U_m 表示方波电压的幅值。

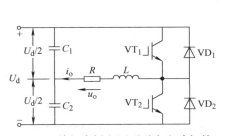
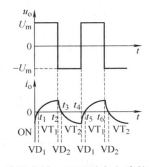

图 3-2 单相半桥电压型逆变电路拓扑　　图 3-3 单相半桥电压型逆变电路的工作波形

现将电压型单相半桥逆变电路的数量关系总结如下：

逆变器的输入电压为 U_d，输出功率或者容量为 P，可得通过负载的电流有效值为

1）对于电阻性负载和谐振负载：

$$i_o = \frac{P}{U_d/2} = \frac{U_d/2}{R} = \frac{U_d}{2R} \tag{3-4}$$

2）对于阻感性负载：

$$i_o = \frac{P}{(U_d/2) \times \cos\phi} = \frac{U_d/2}{Z} = \frac{U_d}{2Z} \tag{3-5}$$

选开关管 VT_1、VT_2 上的电压定额为 $U_{VT} = (2 \sim 3)U_d$；

选开关管 VT_1、VT_2 上的电流定额为 $I_{VT} = (1.5 \sim 2)\sqrt{2}\,i_o$。

3.2.2 单相全桥的数量关系

图 3-4 所示为单相全桥电压型逆变电路拓扑。其中，C_d 为直流母线电容滤波，功率器件 VT_1、VT_4 和 VT_2、VT_3 交替导通/关断；加在负载上的电压幅值为 U_d，输出功率为半桥逆变器的 4 倍（根据 $P = U^2/R$，半桥输出电压为 $U_d/2$，全桥输出电压为 U_d）；开关管 $VT_1 \sim VT_4$ 上承受的最大电压为 U_d。

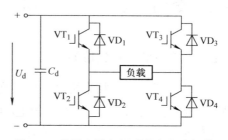

图 3-4 单相全桥电压型逆变电路拓扑

图 3-5 所示为单相全桥电压型逆变电路的正、负半周时电流的流向示意图。

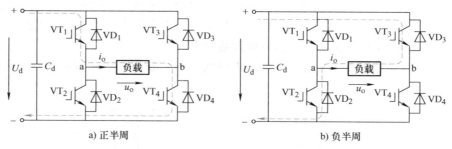

a) 正半周   b) 负半周

图 3-5 单相全桥电压型逆变电路的正、负半周的电流流向

单相全桥电压型逆变电路控制方式有单极、双极式 PWM 控制，移相控制，调频控制等方式。

图 3-6 所示为单相全桥电压型逆变电路的调幅和控制方式。

如图 3-4 所示，主电路的 4 个功率管采用 180° 互补控制模式，逆变器输出的电压为 180° 导电的交流方波电压。其方波电压幅值即为逆变器的直流电压幅值，其互补驱动信号与输出波形如图 3-6 所示。若令逆变器输出电压有效值为

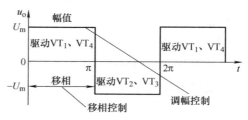

图 3-6 单相全桥电压型逆变电路的
调幅和控制方式

U_{ab}，而瞬时值为 u_{ab}，则有效值 U_{ab} 和瞬时值 u_{ab} 的表达式分别为

$$U_{ab} = \left(\frac{2}{T_s}\int_0^{T_s/2}U_d^2\mathrm{d}t\right)^{\frac{1}{2}} = U_d \tag{3-6}$$

$$u_{ab}(t) = \sum_{n=1,3,5\cdots}^{\infty}\frac{4U_d}{n\pi}\sin n\omega t = \frac{4U_d}{\pi}\left(\sin\omega t + \frac{1}{3}\sin3\omega t + \frac{1}{5}\sin5\omega t + \cdots\right)$$
$$\tag{3-7}$$

设计电源装置的数量依据：

（1）基波幅值：

$$U_{o1m} = \frac{4U_d}{\pi} = 1.27U_d \tag{3-8}$$

（2）基波有效值：

$$U_{o1} = \frac{2\sqrt{2}\,U_d}{\pi} = 0.9U_d \tag{3-9}$$

（3）最低次谐波为 3 次。

根据前面的 PWM 控制的表达式可知，改变方波驱动信号周期即可改变交流输出电压频率。对于 PAM 控制方式，逆变器输出电压的基波幅值则由直流电压进行控制，需要设置可控整流电源，因而，PAM 控制方式在电压型逆变器中运用不多，在基于晶闸管的电流型逆变器中也多有应用。

现将电压型单相全桥逆变电路的数量关系总结如下：

逆变器的输入电压为 U_d，输出功率为 P，可得通过负载的电流有效值为

1）对于电阻性负载和谐振负载：

$$i_o = \frac{P}{U_d} = \frac{U_d}{R} \tag{3-10}$$

2）对于阻感性负载：

$$i_o = \frac{P}{U_d \times \cos\phi} = \frac{U_d}{Z} \tag{3-11}$$

选开关管 VT_1、VT_2 上的电压定额为 $U_{VT} = (2\sim3)U_d$。

选开关管 VT_1、VT_2 上的电流定额为 $I_{VT} = (1.5\sim2)\sqrt{2}\,i_o$。

3.2.3　直流幅值的控制方法

根据 AC/DC 变换可知，调节直流侧电压 U_d 的方法包括：

（1）可控整流方式，如图 3-7 所示。

（2）基于二极管的不控整流桥与直流斩波结合的直流幅值调控方法，如图 3-8 所示。

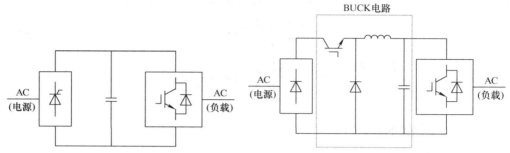

图 3-7　基于可控整流的直流幅值调控拓扑　　　图 3-8　基于不控整流桥 + 直流斩波的
直流幅值调控拓扑

3.2.4　移相控制方法

现将移相调压方式简述如下：

如图 3-9 所示，在单相逆变器拓扑中，功率管 VT_3 的基极信号比功率管 VT_1 落后 θ（$0 < \theta < 180°$）。功率管 VT_3、VT_4 的栅极信号分别比功率管 VT_2、VT_1 的前移 $180° - \theta$。输出电压是正负各为 θ 的脉冲，如图 3-10 所示。

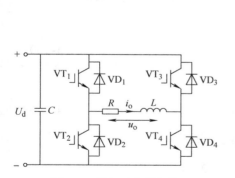

图 3-9　单相逆变器拓扑

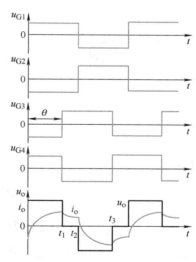

图 3-10　单相全桥逆变电路的移相调压方式的工作波形

在图 3-10 所示的单相全桥逆变电路的移相调压方式的工作波形中，其工作过程为

（1）t_1 时刻前功率管 VT_1 和 VT_4 导通，$u_o = U_d$。

（2）t_1 时刻功率管 VT_4 截止，而因负载电感中的电流 i_o 不能突变，功率管 VT_3 不能立刻导通，VD_3 导通续流，$u_o = 0$。

（3） t_2 时刻功率管 VT_1 截止，而功率管 VT_2 不能立刻导通，VD_2 导通续流，和 VD_3 构成电流通道，$u_o = -U_d$。到负载电流过零并开始反向时，VD_2 和 VD_3 截止，功率管 VT_2 和 VT_3 开始导通，u_o 仍为 $-U_d$。

（4） t_3 时刻功率管 VT_3 截止，而功率管 VT_4 不能立刻导通，VD_4 导通续流，u_o 再次为零。

综上所述，通过改变 θ 就可调节输出电压。

3.2.5　SPWM 控制方法

采样控制理论中有一个重要结论：冲量相等而形状不同的窄脉冲加在具有惯性的环节上时，其效果基本相同。PWM 控制技术就是以该结论为理论基础，对半导体开关器件的导通和关断进行控制，使输出端得到一系列幅值相等而宽度不相等的脉冲，用这些脉冲来代替正弦波或其他所需要的波形。按一定的规则对各脉冲的宽度进行调制，既可改变逆变电路输出电压的大小，也可以改变输出频率。

如果把一个正弦半波分成 N 等分，然后把每一等分的正弦曲线与横轴包围的面积，用与它等面积的等高而不等宽的矩形脉冲来代替。矩形脉冲的中点与正弦波每一等分的中点重合，根据冲量相等的原理，其作用效果是相同的。因此，利用此系列的矩形脉冲代替正弦半波，即作用是等效的。对于正弦波的负半周也可以用同样的方法得到 PWM 波形。像这样的脉冲宽度按正弦规律变化而和正弦波等效的 PWM 波形就是 SPWM 波。

SPWM 有两种控制方式，一种是单极式，一种双极式，两种控制方式调制方法相同，输出基本电压的大小和频率也都是通过改变正弦参考信号的幅值和频率而改变的，只是功率开关器件通断的情况不一样，采用单极式控制时，正弦波的半个周期内每相只有一个开关元器件开通或关断，而双极式控制时逆变器同一桥臂上下两个开关器件交替通断，处于互补工作方式，双极式比单极式调制输出的电流变化率更大，外界干扰更强。

有关 SPWM 控制的详细内容，请读者朋友参见相关教材，本书恕不赘述。

3.3　三相逆变器数量关系

3.3.1　三相电压型逆变器的数量关系

将三个单相逆变电路，组合成一个三相逆变电路，如图 3-11 所示。目前，应用最广的是半桥式三相桥式逆变电路拓扑。

对于半桥式三相桥式逆变电路而言，其基本工作方式是 180°导电方式，其工作波形如图 3-12 所示。

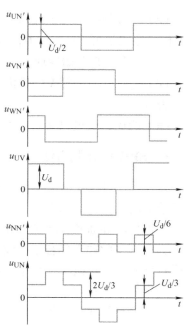

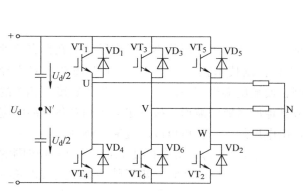

图 3-11 半桥式三相桥式逆变电路拓扑

图 3-12 半桥式三相桥式逆变
电路的工作波形

现将半桥式三相桥式逆变电路的工作波形分析如下:

以 U 相为例,负载各相到电源中点 N' 的电压分析:功率管 VT_1 导通时,$u_{UN'} = U_d/2$,功率管 VT_4 导通时,$u_{UN'} = -U_d/2$。

因此,负载线电压的表达式为

$$\left.\begin{array}{l} u_{UV} = u_{UN'} - u_{VN'} \\ u_{VW} = u_{VN'} - u_{WN'} \\ u_{WU} = u_{WN'} - u_{UN'} \end{array}\right\} \tag{3-12}$$

据此,可得负载相电压的表达式为

$$\left.\begin{array}{l} u_{UN} = u_{UN'} - u_{NN'} \\ u_{VN} = u_{VN'} - u_{NN'} \\ u_{WN} = u_{WN'} - u_{NN'} \end{array}\right\} \tag{3-13}$$

联立可得负载中点 N 和电源中点 N' 间电压的表达式为

$$u_{NN'} = \frac{1}{3}(u_{UN'} + u_{VN'} + u_{WN'}) - \frac{1}{3}(u_{UN} + u_{VN} + u_{WN}) \tag{3-14}$$

如果三相负载对称,则有

$$\begin{cases} u_{UN} + u_{VN} + u_{WN} = 0 \\ u_{NN'} = \frac{1}{3}(u_{UN'} + u_{VN'} + u_{WN'}) \end{cases}$$

现将半桥式三相桥式逆变电路的开关状态总结于表 3-1 中。

表 3-1 半桥式三相桥式逆变电路的开关状态

状态	1	2	3	4	5	6
电角度	0°~60°	60°~120°	120°~180°	180°~240°	240°~300°	300°~360°
导通开关	5、6、1	6、1、2	1、2、3	2、3、4	3、4、5	4、5、6
U_{UN}	$U_d/3$	$2U_d/3$	$U_d/3$	$-U_d/3$	$2U_d/3$	$-U_d/3$
U_{VN}	$2U_d/3$	$-U_d/3$	$U_d/3$	$2U_d/3$	$U_d/3$	$-U_d/3$
U_{WN}	$U_d/3$	$-U_d/3$	$2U_d/3$	$-U_d/3$	$U_d/3$	$2U_d/3$

根据表 3-1 的半桥式三相桥式逆变电路的开关状态，可以得到它的等效通路模型，如图 3-13 所示。

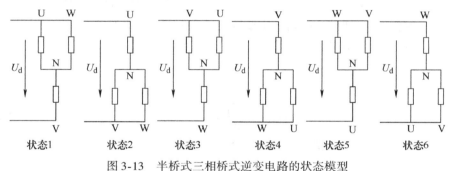

图 3-13 半桥式三相桥式逆变电路的状态模型

图 3-14 所示为相电流 i_U 和直流母线电流 i_d 的工作波形。

当负载已知时，可由相电压 u_{UN} 波形求出相电流 i_U 波形，如图 3-4 所示。桥臂 1、3、5 的电流相加可得直流侧电流 i_d 的波形，i_d 每 60° 脉动一次，直流电压基本无脉动，因此逆变器从直流侧向交流侧传送的功率是脉动的，这是电压型逆变电路的一个特点。

推导可得三相电压型桥式逆变电路的输出线电压 u_{UV} 的傅里叶级数的表达式为

$$u_{UV} = \frac{2\sqrt{3}\,U_d}{\pi}\left(\sin\omega t - \frac{1}{5}\sin5\omega t - \frac{1}{7}\sin7\omega t + \frac{1}{11}\sin11\omega t + \frac{1}{13}\sin13\omega t\cdots\right)$$

$$(3\text{-}15)$$

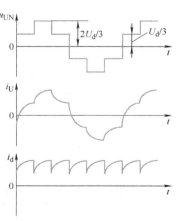

图 3-14 相电流 i_U 和直流母线电流 i_d 的工作波形

那么，可以得到设计三相电压型桥式逆变电路的重要依据，即

（1）输出线电压有效值 U_{UV} 的表达式为

$$U_{UV} = \sqrt{\frac{2}{3}} U_d = 0.816 U_d \tag{3-16}$$

（2）线电压的基波幅值 U_{UV1m} 为

$$U_{UV1m} = \frac{2\sqrt{3} U_d}{\pi} = 1.1 U_d \tag{3-17}$$

（3）线电压基波有效值 U_{UV1} 为

$$U_{UV1} = \frac{U_{UV1m}}{\sqrt{2}} = 0.78 U_d \tag{3-18}$$

三相电压型桥式逆变电路输出相电压 u_{UN} 的傅里叶级数表达式为

$$u_{UN} = \frac{2U_d}{\pi} \left(\sin\omega t + \frac{1}{5}\sin5\omega t + \frac{1}{7}\sin7\omega t + \frac{1}{11}\sin11\omega t + \frac{1}{13}\sin13\omega t \cdots \right) \tag{3-19}$$

同理，也可以得到设计三相电压型桥式逆变电路的重要依据，即

（1）输出相电压有效值 U_{UN} 为

$$U_{UN} = 0.471 U_d \tag{3-20}$$

（2）相电压基波幅值 U_{UN1m} 为

$$U_{UN1m} = \frac{2U_d}{\pi} = 0.637 U_d \tag{3-21}$$

（3）相电压基波有效值 U_{UN1} 为

$$U_{UN1} = \frac{U_{UN1m}}{\sqrt{2}} = 0.45 U_d \tag{3-22}$$

现将三相电压型桥式逆变电路的数量关系小结如下：

（1）对于电阻性负载和谐振负载：$i_o = \dfrac{P}{\sqrt{3} U_d}$。

（2）对于阻感性负载：$i_o = \dfrac{P}{\sqrt{3} U_d \cos\phi}$。

（3）选开关管 $VT_1 \sim VT_6$ 上的电压定额：$U_{VT} = (2 \sim 3) U_d$。

（4）选开关管 $VT_1 \sim VT_6$ 上的电流定额：$I_{VT} = (1.5 \sim 2)\sqrt{2} i_o$。

在建立三相电压型桥式逆变电路的仿真模型时，需要注意：

（1）同一桥臂两个开关管不得同时导通。

（2）同一桥臂两个开关管，在一个周期内导通时间总长度相同，但不得违反（1）的约束条件。

（3）三个桥臂在一个周期内导通时间总长度相同，但不得违反（1）和（2）的约束条件。

需要补充说明的是：

（1）三相电压型桥式逆变电路，应用在大功率场合。

（2）各相输出电压在相位上相差120°，电流波形根据负载情况的不同而不同。

（3）在导电上，为防止同一相的两个器件同时开通而导致电源短路，应遵循"先断后通"的原则，即要关断的器件在彻底关断之后，才能再给需开通的器件开通信号，因此，要留一定的时间裕量（实际在单相中也应如此，即死区补偿）。

在三相电压型桥式逆变电路中，评价 PWM 控制方法优劣与否，有三个基本标准：

（1）输出电压波形中的谐波含量。

（2）直流电压利用率。

（3）逆变电路输出交流电压的基波最大值 U_{1m} 与输入直流电压 U_d 之比。

对于正弦波调制的三相 PWM 逆变电路而言，若调制度 $m=1$ 时，直流电压利用率：

（1）输出相电压基波幅值为 $U_d/2$，直流电压利用率为 0.5。

（2）输出线电压基波幅值为 $\sqrt{3}\,U_d/2$，直流电压利用率为 0.866。

对于正弦波调制的三相 PWM 逆变电路而言，若调制度 $m<1$ 时，则直流电压利用率更低（<0.866）。

3.3.2 三相电压型逆变器的基本工作方式

方波逆变器的基本工作方式，又称为 180°导电方式，即每桥臂导电 180°，同一相上下两臂交替导电，各相开始导电的角度差120°。任一瞬间有三个桥臂同时导通。每次换流都是在同一相上下两臂之间进行，也称为纵向换流。

图 3-15 所示为三相逆变器 180°导电方式的工作波形。

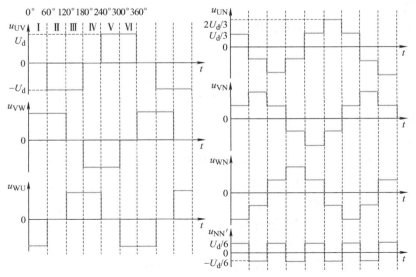

图 3-15　三相逆变器 180°导电方式的工作波形

3.3.3 变频调速系统示例分析

图 3-16 所示为变频调速系统的典型电路拓扑。

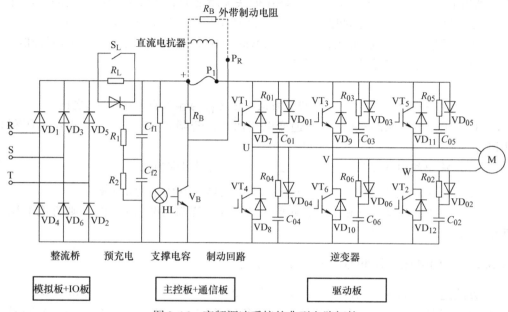

图 3-16　变频调速系统的典型电路拓扑

现将变频调速系统各个部分的作用简述如下：

1. 整流桥

电网侧的变流器是整流器，作用是把三相（单相）交流电整流成直流电。

2. 逆变器

负载侧的变流器为逆变器。最常见的结构形式是利用六个半导体主开关器件组成的三相桥式逆变电路。有规律地控制逆变器中主开关的通与断的状态，可以得到任意频率的三相交流电输出。

3. 支撑电容

作为中间直流环节。由于逆变器的负载为异步电动机，属于感性负载。无论电动机处于电动状态或是发电制动状态，其功率因数总不会为 1。因此，在中间直流环节和电动机之间总会有无功功率的交换。这种无功能量要靠中间直流环节的储能元件来缓冲。所以常称中间直流环节为直流储能环节。

图 3-17 所示为变频调速控制系统的组成框图。

现将变频调速系统的控制系统的组成情况简述如下：

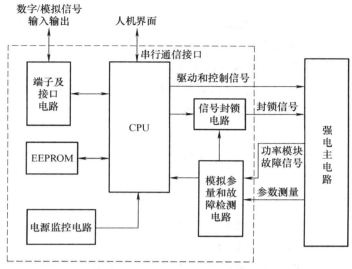

图 3-17 变频调速控制系统的组成框图

1. 控制电路

如图 3-16 所示，控制电路通常由运算电路（主控板 + 通信板）、检测电路 [模拟板 + IO 板（输入输出的控制信号）]、驱动电路（驱动板）等部分组成。

2. 模拟板

即模拟参量和故障检测电路：直流母线电压和电流等主回路参数作为模拟参量通过特定的检测电路进行采集并送至 CPU 所配置的 A/D 变换器，用来检测和判断是否在适合的范围之内，否则即视为相应的故障处理。

3. 信号封锁电路

系统的硬件保护电路。当故障发生时，保证系统的可靠性，避免当软件运行出现问题的时候保护功能不动作，当故障发生，不通过 CPU 就立刻将输出的 PWM 脉冲信号全部拉低，确保开关全部处于关断状态。

4. 端子及接口电路

功能主要是提供变频器和其他设备交互命令的通道。包括数字量的输入输出（IO 板）和模拟量的输入输出（集成在模拟板上）。

5. 电源监控电路

为了避免电源电压失常导致控制电路出现误动作，需要加入电源监控电路，确保当电源电压失常时，事先将电机系统安全停止运行。所谓电机运行是变频器系统功能的最基本和主要部分，包括所有和电机运行有关的功能，包括启动、制动、调速、转向控制等。

6. 状态监测（图中未示意出来）

一般监测的状态变量至少包括变频器、电机系统里几个关键的参数，如电流（直流母线电流、电机相电流）、电压（直流母线电压）。

7. 故障处理和保护（图中未示意出来）

如果监测到系统发生故障，就需要加以判断和相应的处理。一般而言，需要区分和响应的故障至少包括过电流、过电压。

8. 人工控制

提供一套人机界面系统，操作者可以通过其监测和控制系统的运行包括设置一些运行参数。

9. 自动控制

提供一些端子接口，通过这些接口可以由其他设备（例如 PLC）来监测和控制系统的运行，甚至可以通过接口提供外部的闭环控制。

随着变频器及各类电机驱动产品在各类工业，交通以及国防等领域的广泛使用，成本，体积和可靠性在其中所扮演的角色也越来越重要。功率器件是变频器的核心器件（变频器的常见拓扑见图 3-18）。

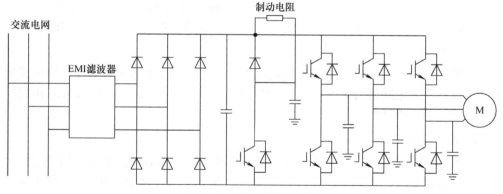

图 3-18　变频器常见拓扑

为了满足其各类需求，诞生了功率集成模块（Power Integrated Module，PIM）、七单元模块等。其中，七单元模块主要包含制动单元和逆变单元，PIM 模块则包含七单元再加上一个整流桥，PIM 模块和七单元模块常见拓扑，如图 3-19 和图 3-20 所示。

图 3-21 所示为三菱 PIM 模块 PM150DSA120 的实物图。

图 3-22 所示为英飞凌的 PIM 模块 BSM20GP60 的实物图。

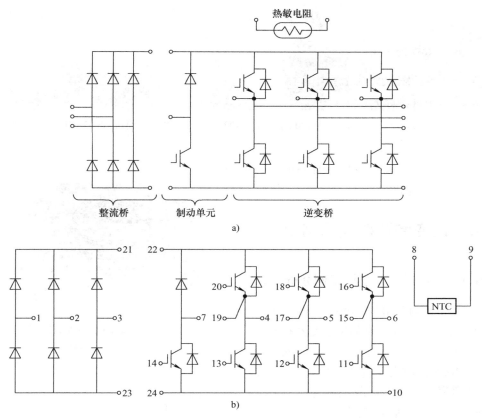

图 3-19　PIM 模块的常见拓扑

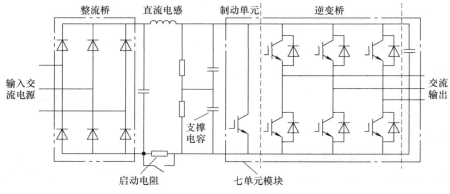

图 3-20　七单元 PIM 模块的常见拓扑

图 3-21　三菱 PIM 模块 PM150DSA120 的 实物图

图 3-22　英飞凌的 PIM 模块 BSM20GP60 的实物图

图 3-23 所示为三菱 PM100CVA120 的 PIM 模块的实物图。

3.4 逆变装置建模示例设计

3.4.1 单相逆变器建模示例分析

采用 MATLAB/Simulink，构建 DC－AC 模型，图 3-24 所示为单相逆变器拓扑。

（1）逆变电源装置参数：输入直流电压 $U_{dc} = 400V$；输出相电压有效值 $U_{out} = 220V$；输出频率 $f = 50Hz$；载波频率 $f_S = 12.8kHz$；输出容量 $S = 50kVA$；$C_1 = 3300\mu F$。

（2）主要仿真参数：滤波电感 $L_1 = 1.5mH$，电容 $C_2 = 22\mu F$，负载以纯电阻为例，容量 $S = 50kVA$。

（3）可以得到 U_{out} 和加载在负载 R_L 的电压和流过它的电流仿真波形。

图 3-23　三菱 PM100CVA120 的 PIM 模块的实物图

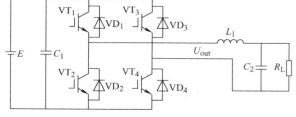

图 3-24　单相逆变器拓扑

图 3-25 所示为单相逆变器的仿真模型，图 3-26 所示为单相 PWM 逆变控制器模型。

现将建模过程简述如下：

（1）直流电压源模块的调取，选择 Simscape/Electrical/Specialized Power Systems/Fundamental Blocks/Electrical Source 模块库，选择 DC Voltage Source 模块，其参数设置如图 3-27 所示。

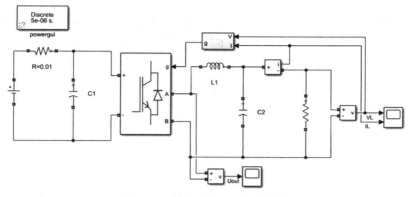

图 3-25　单相逆变器的仿真模型

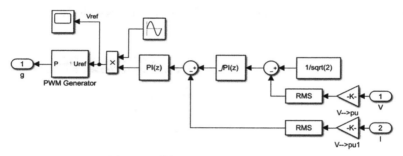

图 3-26　单相 PWM 逆变控制器模型

（2）电阻电感电容模块的调取，选择 Simscape/Electrical/Specialized Power Systems/Fundamental Blocks/Elements 模块库，选择 Series RLC Branch 模块，充当直流侧支撑电容、滤波电感电容模块，支撑电容、滤波电感电容以及直流母线等效电阻参数设置如图 3-28 ~ 图 3-31 所示。

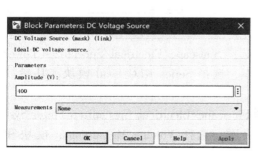

图 3-27　直流电压源模块的参数设置　　　图 3-28　直流侧支撑电容参数设置

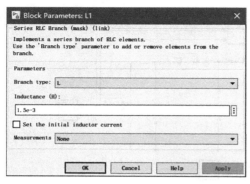

图 3-29　滤波电感参数设置

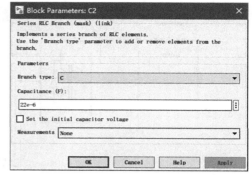

图 3-30　滤波电容参数设置

（3）通用电桥模块的调取，选择 Simscape/Electrical/Specialized Power Systems/ Fundamental Blocks/Power Electronics 模块库，选择 Universal Bridge 模块，其参数设置如图 3-32 所示。

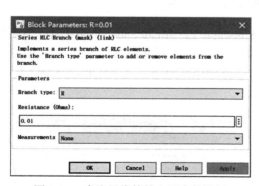

图 3-31　直流母线等效电阻参数设置

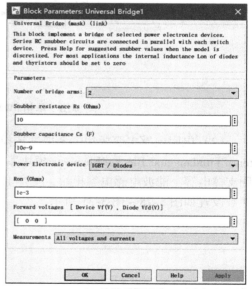

图 3-32　单相逆变桥模块的参数设置

（4）电阻电感电容负载模块的调取，选择 Simscape/Electrical/Specialized Power Systems/Fundamental Blocks/Elements 模块库，选择 Series RLC Load 模块，其参数设置如图 3-33 所示。

（5）电压电流测量模块的调取，选择 Simscape/Electrical/Specialized Power Systems/Fundamental Blocks/Measurements 模块库，选择 Voltage Measurement 模块和 Current Measurement 模块。

（6）示波器模块的调取，选择 Simulink/Commonly Used Blocks 模块库，选择 Scope 模块。

（7）powergui 模块的调取，选择 Simscape/Electrical/Specialized Power Systems/Fundamental Blocks 模块库，选择 powergui 模块，其参数设置如图 3-34 所示。

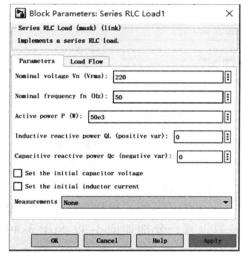

图 3-33　交流负载参数设置

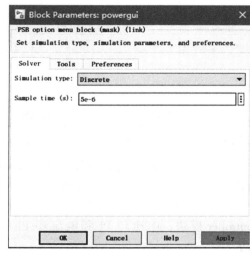

图 3-34　powergui 参数设置

（8）Gain 模块的调取，选择 Simulink/Commonly Used Blocks 模块库，选择 Gain 模块，交流电压电流标幺化模块的参数设置，分别如图 3-35 和图 3-36 所示。

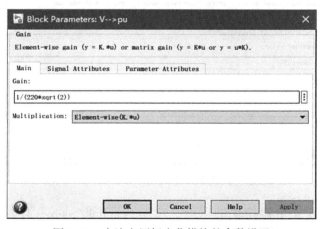

图 3-35　交流电压标幺化模块的参数设置

（9）RMS 模块的调取，选择 Simscape/Electrical/Specialized Power Systems/Fundamental Blocks/Measurements/Additional Measurements 模块库，选择 RMS 模块，其参数设置如图 3-37 所示。

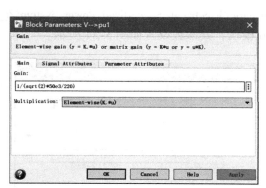

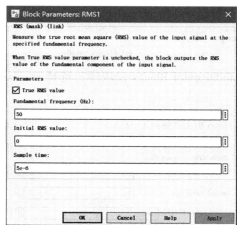

图 3-36　交流电流标幺化模块的参数设置　　　　图 3-37　RMS 模块的参数设置

（10）Constant 模块的调取，选择 Simulink/Commonly Used Blocks 模块库，选择 Constant 模块，参考电压标幺值参数设置如图 3-38 所示。

（11）PID 控制器模块的调取，选择 Simulink/Continuous 模块库，选择 PID Controller 模块，电压环 PI 和电流环 PI 的参数设置，分别如图 3-39 和图 3-40 所示。

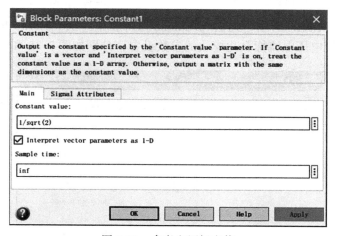

图 3-38　参考电压标幺值

（12）正弦波发生器模块的调取，选择 Simulink/Sources 模块库，选择 Sine Wave 模块，其参数设置如图 3-41 所示。

（13）PWM 发生器模块的调取，选择 Simscape/Electrical/Specialized Power Systems/Control & measurements/Pulse & Signal Generators 模块库，选择 PWM Generator (2 - Level) 模块，其参数设置如图 3-42 所示。

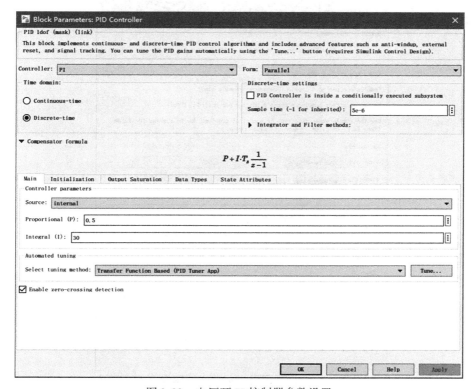

图 3-39　电压环 PI 控制器参数设置

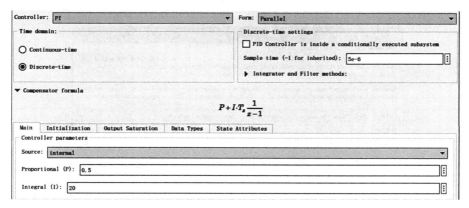

图 3-40　电流环 PI 控制器参数设置

（14）Sum 模块的调取，选择 Simulink/Math Operations 模块库，选择 Sum 模块。

（15）Product 模块的调取，选择 Simulink/Math Operations 模块库，选择 Product 模块。

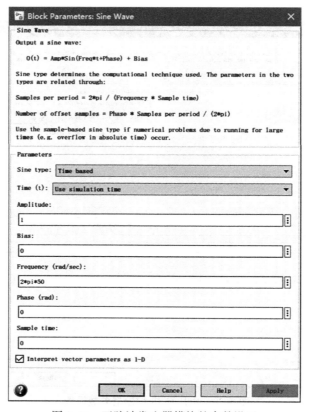

图 3-41　正弦波发生器模块的参数设置

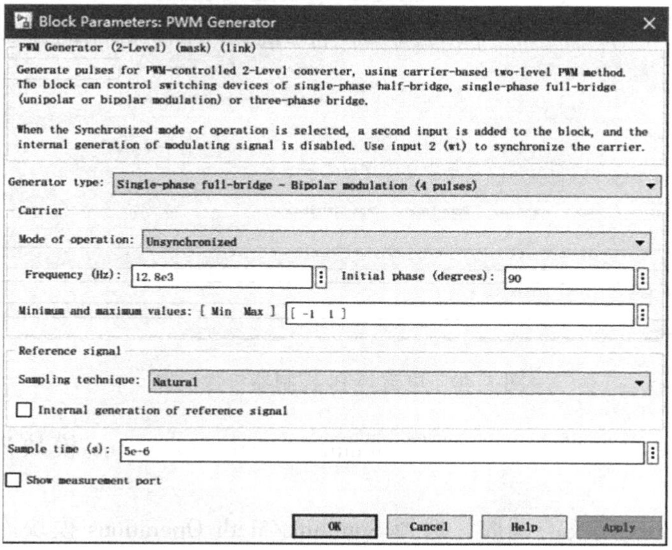

图 3-42　PWM Generator（2‑Level）模块的参数设置

图 3-43 所示为输出电压 U_{out} 的仿真波形。

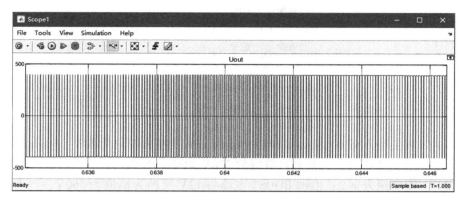

图 3-43　U_{out} 仿真波形

图 3-44 表示加载在负载 R_L 的电压和流过它的电流仿真波形。

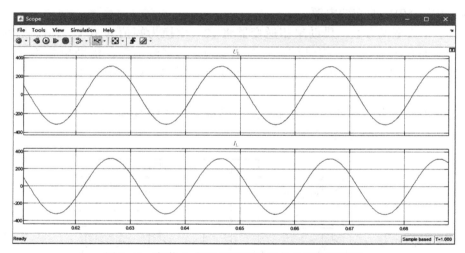

图 3-44　负载 R_L 的电压和流过它的电流仿真波形

3.4.2　典型新能源电源装置的建模示例分析

（1）已知：

1）输入直流电压：12V（光伏板获取）；

2）输出交流电压：220V（有效值）、6A、50Hz。

（2）完成电路的设计及相应元器件的选型分析。

（3）构建仿真模型。

分析：

1. 典型方案简述

$$\underset{12V}{DC}\xrightarrow{逆变}\underset{10V}{AC}\xrightarrow{升压}\underset{220V}{AC}$$

$$\underset{12V}{DC}\xrightarrow{斩波}\underset{360V}{DC}\xrightarrow{逆变}\underset{220V}{AC}$$

$$\underset{12V}{DC}\xrightarrow{斩波}\underset{60V}{DC}\xrightarrow{斩波}\underset{360V}{DC}\xrightarrow{逆变}\underset{220V}{AC}$$

$$\underset{12V}{DC}\xrightarrow{逆变}\underset{10V}{AC}\xrightarrow{升压}\underset{280V}{AC}\xrightarrow{整流}\underset{360V}{DC}\xrightarrow{逆变}\underset{220V}{AC}$$

（1）2 级变换方案 1：借助单相逆变器将 12V 变换为幅值为 10V、50Hz 的交变电源，借助升压变压器，提升到有效值为 220V 的交流电源。

（2）2 级变换方案 2：借助 BOOST 电路将 12V 变换为幅值 360V，再借助单相逆变器将 360V 变换为有效值为 220V、50Hz 的交变电源。

（3）3 级变换方案：借助 BOOST 电路将 12V 变换为幅值为 60V，再借助 BOOST 电路将 60V 变换为幅值为 360V，最后借助单相逆变器将 360V 变换为有效值为 220V、50Hz 的交变电源。

（4）4 级变换方案：借助单相逆变器将 12V 变换为幅值为 10V、50Hz 的交变电源，借助升压变压器，提升到有效值为 280V 的交流电源，借助单相不控整流桥，变换为 360V 直流电源，再借助单相逆变器将 360V 变换为有效值为 220V、50Hz 的交变电源。

为了加深读者朋友理解建模方法，本书特采用 4 级变换方案进行建模示例分析，其拓扑如图 3-45 所示。

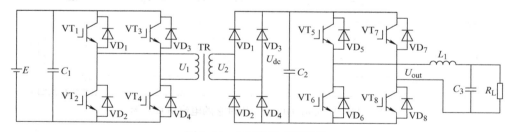

图 3-45　4 级变换方案拓扑

2. IGBT 的计算与选型

变压器一次侧电压有效值：$U_1 = 0.9E = 0.9 \times 12V = 10.8V$。

考虑到 IGBT 上的压降和其他损耗的影响，故变压器一次侧电压有效值 $U_1 = 8V$。

输入的功率为 $P = 220V \times 6A = 1320W$。

变压器一次侧电流幅值：$I_1 = P/U_1 = 1320W/8V = 165A$（不考虑损耗）。

由于电路中最大的直流输入电压 $E = 12V$，考虑到一定的安全裕量，这里取为 1.5 倍，即所选的 IGBT 的电压必须大于 $1.5 \times 12V = 18V$，选择 IGBT 的额定电压值为 600V。

电流的安全裕量取 1.5 倍，IGBT 的电流必须大于 $1.5 \times I_1 = 1.5 \times 165\mathrm{A} = 247.5\mathrm{A}$。

根据上面确定的最大电压和最大电流来选择 IGBT。选择的型号为 1MBI40OL - 060（参数 $400\mathrm{A}/600\mathrm{V}$）。

3. 变压器的计算与选型

通过前面的计算可得到变压器一次侧电压有效值和电流幅值：$U_1 = 8\mathrm{V}$，$I_1 = 165\mathrm{A}$。

变压器的容量：$220 \times 6 = 1320\mathrm{VA}$。

计算变压器电压有效值 U_2：

经由变压器以后，经过桥式整流电容滤波电路之后的电压为变压器二次侧电压有效值的 1.2 倍，最后经过桥式逆变输出电压幅值为

$U_1 = 0.9E$，$U_2 = NU_1$，$U_{\mathrm{dc}} = 0.9U_2$，$U_{\mathrm{out}} = 0.9U_{\mathrm{dc}}$，$U_{\mathrm{out}}$ 为 220V（有效值），可以求得逆变器的直流母线电压为

$$U_{\mathrm{dc}} = \frac{U_{\mathrm{out}} \times \sqrt{2}}{0.9} = \frac{220\mathrm{V} \times \sqrt{2}}{0.9} \approx 346\mathrm{V} \tag{3-23}$$

可得逆变输出电压 U_2（有效值）为

$$\sqrt{2}\,U_2 = \frac{U_{\mathrm{dc}}}{0.9} = \frac{220\mathrm{V} \times \sqrt{2}}{0.9 \times 0.9} \tag{3-24}$$

$$U_2 = \frac{220\mathrm{V}}{0.9 \times 0.9} \approx 272\mathrm{V} \tag{3-25}$$

再考虑到二极管和 IGBT 的压降损耗等因素，U_2 取 280V（有效值），$I_2 = 6\mathrm{A}$，变压器选用单相芯式结构。

变压器匝比 N 为

$N = U_{\mathrm{out}}/(0.9 \times 0.9 \times 0.9 \times E) \approx 24.6$，取 $N = 25$。

变压器参数设置：$U_1 = 8\mathrm{V}$(有效值)，$U_2 = 280\mathrm{V}$(有效值)，$S = 1500\mathrm{VA}$，$f = 50\mathrm{Hz}$。

4. 整流二极管选型计算

通过每只二极管的平均电流通过每只二极管的平均电流：

$$I_{\mathrm{BD}} = \frac{1}{2}I_2 = \frac{1}{2} \times 6\mathrm{A} = 3\mathrm{A} \tag{3-26}$$

每只二极管承受的最大反向电压，即为幅值 U_2：

$$U_{\mathrm{RM}} = U_2 = 25 \times 12\mathrm{V} = 300\mathrm{V} \tag{3-27}$$

考虑到有 2 倍的安全裕量，故选用二极管型号为 2CZ14F（$10\mathrm{A}/600\mathrm{V}$），选择滤波电容，此处滤波电容的主要作用是去除纹波、输出理想的直流。根据经验，取 $1000\mu\mathrm{F}/500\mathrm{V}$ 的电解电容一只。

5. 输出端逆变器器件选型

经过桥式整流电容滤波电路输出的电压为 300V（直流）。由于直流输入电压

为300V，考虑到一定的安全裕量，这里取为1.5倍，即所选的IGBT的电压必须大于450V，选择IGBT的额定电压值为600V。电流的安全裕量取1.5倍，IGBT的电流必须大于$1.5 \times 6A = 9A$。根据上面确定的最大电压和最大电流来选择IGBT。选择的型号为$1MBI400L - 060$（参数400A/600V）。

6. 滤波器设计

截止频率：100Hz，电容补偿无功占5%左右，可以先设计电容，再计算得到电感。

现将仿真参数罗列如下：

1）变压器参数设置：$U_1 = 8V$（有效值），$U_2 = 280V$（有效值），$S = 1500VA$，$f = 50Hz$；

2）$E = 12V$；

3）$C_1 = C_2 = 3300\mu F$；

4）$f_s = 16kHz$，$f = 50Hz$，$L = 4mH$，$C_3 = 20\mu F$（滤波参数酌情设计）。

进而可以得到U_1、U_2、U_{dc}、U_{out}和加载在负载R_L的电压和流过它的电流仿真波形。图3-46所示为单相逆变电路的仿真模型，图3-47所示为第一个单相PWM逆变控制器模型，图3-48所示为第二个单相PWM逆变控制器模型。

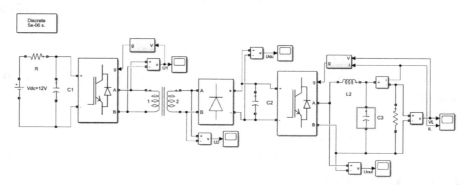

图3-46 单相逆变电路的仿真模型

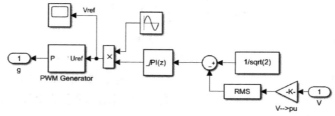

图3-47 第一个单相PWM逆变控制器模型

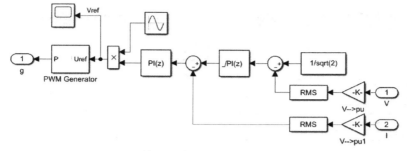

图 3-48　第二个单相 PWM 逆变控制器模型

现将建模过程简述如下：

（1）直流电压源模块的调取，选择 Simscape/Electrical/Specialized Power Systems/Fundamental Blocks/Electrical Source 模块库，选择 DC Voltage Source 模块，其参数设置如图 3-49 所示。

（2）电阻电感电容模块的调取，选择 Simscape/Electrical/Specialized Power Systems/Fundamental Blocks/Elements 模块库，选择 Series RLC Branch 模块，支撑电容 C_1、C_2，滤波电容 C_3，滤波电感 L，等效电阻 R 参数设置如图 3-50 ~ 图 3-54 所示。

图 3-49　直流电压源模块的参数设置

图 3-50　支撑电容 C_1 参数设置

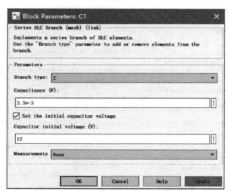

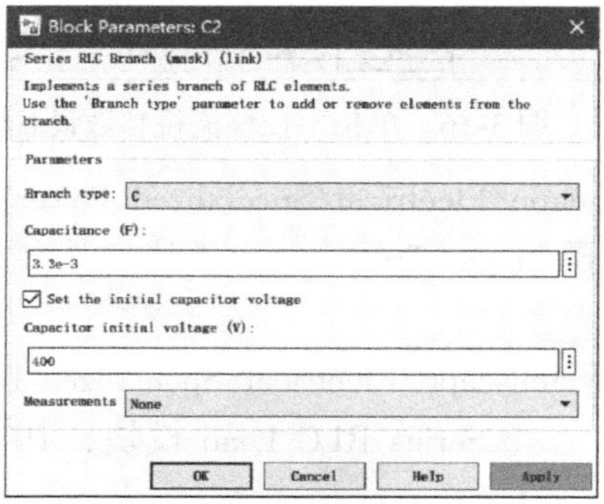

图 3-51　支撑电容 C_2 参数设置

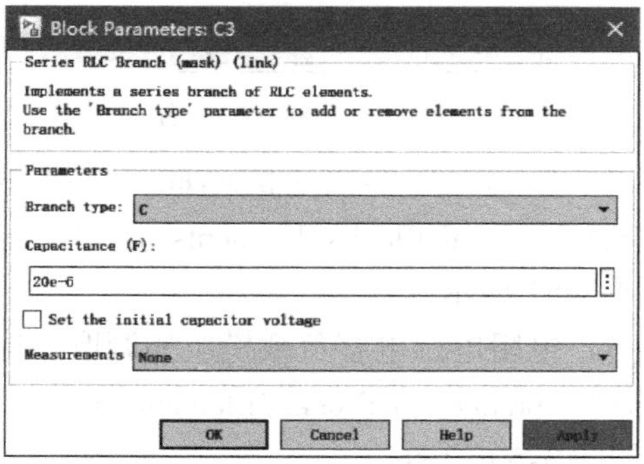

图 3-52　滤波电容 C_3 参数设置

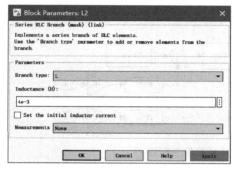

图 3-53　滤波电感 L 参数设置

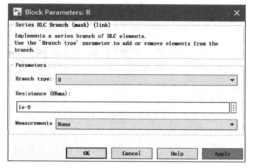

图 3-54　等效电阻 R 参数设置

（3）通用电桥模块的调取，选择 Simscape/Electrical/Specialized Power Systems/ Fundamental Blocks/Power Electronics 模块库，选择 Universal Bridge 模块，逆变桥和不控整流桥的参数设置，分别如图 3-55、图 3-56 所示。

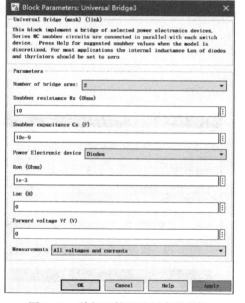

图 3-55　单相逆变桥参数设置　　　　　图 3-56　单相不控整流桥参数设置

（4）单相变压器模块的调取，选择 Simscape/Electrical/Specialized Power Systems/Fundamental Blocks/Elements 模块库，选择 Linear Transformer 模块，其参数设置如图 3-57 所示。

（5）电阻电感电容负载模块的调取，选择 Simscape/Electrical/Specialized Power Systems/Fundamental Blocks/Elements 模块库，选择 Series RLC Load 模块，其参数设置如图 3-58 所示。

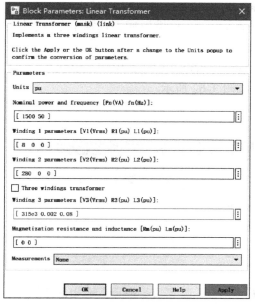

图 3-57　变压器参数设置

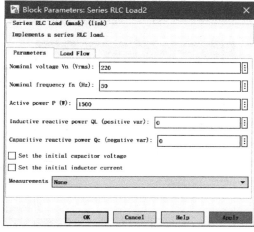

图 3-58　交流负载参数设置

（6）电压电流测量模块的调取，选择 Simscape/Electrical/Specialized Power Systems/Fundamental Blocks/Measurements 模块库，选择 Voltage Measurement 模块和 Current Measurement 模块。

（7）示波器模块的调取，选择 Simulink/Commonly Used Blocks 模块库，选择 Scope 模块。

（8）powergui 模块的调取，选择 Simscape/Electrical/Specialized Power Systems/Fundamental Blocks 模块库，选择 powergui 模块，其参数设置如图 3-59 所示。

● 第一个单相 PWM 逆变控制器

（9）Gain 模块的调取，选择 Simulink/Commonly Used Blocks 模块库，选择 Gain 模块，交流电压标幺化模块的参数设置如图 3-60 所示。

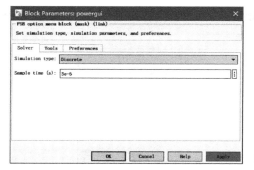

图 3-59　powergui 参数设置

图 3-60　交流电压标幺化模块的参数设置

（10）RMS 模块的调取，选择 Simscape/Electrical/Specialized Power Systems/Fundamental Blocks/Measurements/Additional Measurements 模块库，选择 RMS 模块，其参数设置如图 3-61 所示。

（11）Constant 模块的调取，选择 Simulink/Commonly Used Blocks 模块库，选择 Constant 模块，参考电压标幺值参数设置如图 3-62 所示。

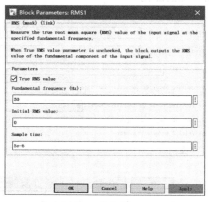

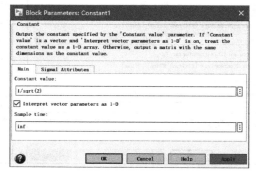

图 3-61　RMS 模块的参数设置　　　　图 3-62　参考电压标幺值

（12）PID 控制器模块的调取，选择 Simulink/Continuous 模块库，选择 PID Controller 模块，电压环 PI 参数设置，如图 3-63 所示。

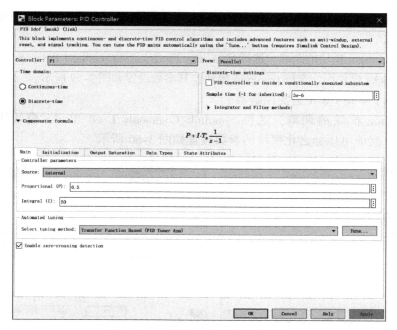

图 3-63　电压环 PI 控制器参数设置

（13）正弦波发生器模块的调取，选择 Simulink/Sources 模块库，选择 Sine Wave 模块，其参数设置如图 3-64 所示。

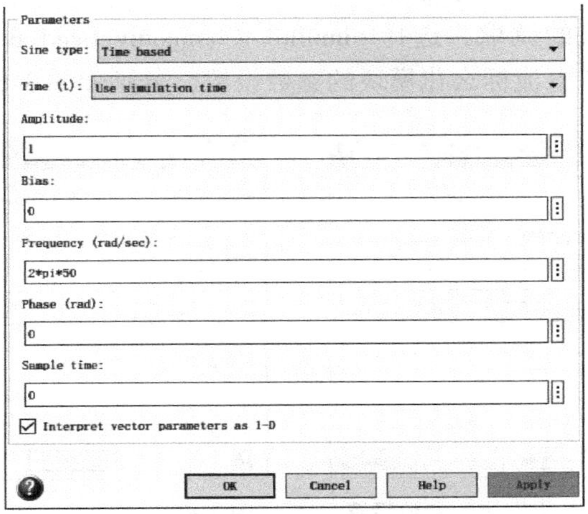

图 3-64　正弦波发生器模块的参数设置

（14）PWM 发生器模块的调取，选择 Simscape/Electrical/Specialized Power Systems/Control & measurements/Pulse & Signal Generators 模块库，选择 PWM Generator（2‑Level）模块，其参数设置如图 3-65 所示。

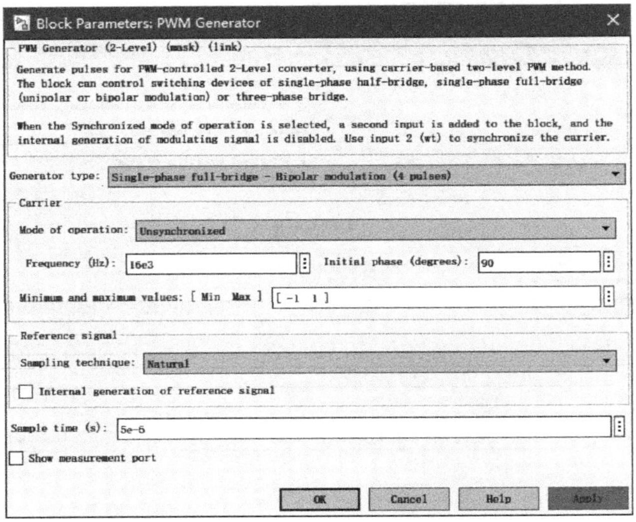

图 3-65　PWM Generator（2‑Level）模块的参数设置

（15）Sum 模块的调取，选择 Simulink/Math Operations 模块库，选择 Sum 模块。

（16）Product 模块的调取，选择 Simulink/Math Operations 模块库，选择 Product 模块。

● 第二个单相 PWM 逆变控制器

（17）Gain 模块的调取，选择 Simulink/Commonly Used Blocks 模块库，选择 Gain 模块，交流电压电流标幺化模块的参数设置，分别如图 3-66 和图 3-67 所示。

图 3-66　交流电压标幺化模块的参数设置　　　　图 3-67　交流电流标幺化模块的参数设置

（18）PID 控制器模块的调取，选择 Simulink/Continuous 模块库，选择 PID Controller 模块，电压环 PI 和电流环 PI 的参数设置，分别如图 3-68 和图 3-69 所示。

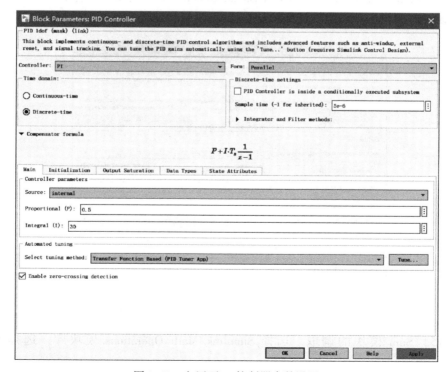

图 3-68　电压环 PI 控制器参数设置

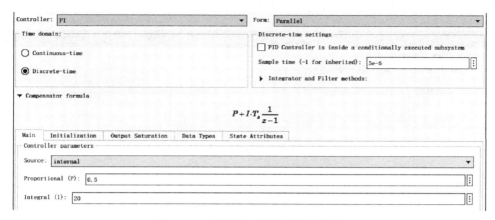

图 3-69　电流环 PI 控制器参数设置

其他模块和参数设置与第一个单相 PWM 逆变控制器相同。

图 3-70 所示为变压器一次侧电压 U_1 仿真波形。

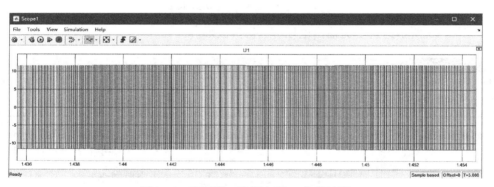

图 3-70　变压器一次侧电压 U_1 仿真波形

图 3-71 所示为变压器二次侧电压 U_2 仿真波形。

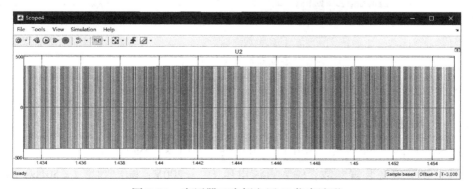

图 3-71　变压器二次侧电压 U_2 仿真波形

图 3-72 所示为直流母线 U_{dc} 仿真波形。

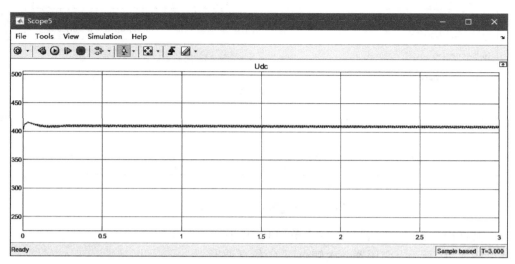

图 3-72 直流母线 U_{dc} 仿真波形

图 3-73 所示为逆变器输出电压 U_{out} 仿真波形。

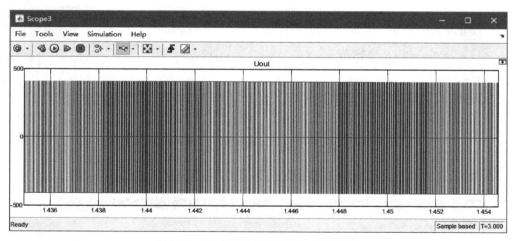

图 3-73 逆变器输出电压 U_{out} 仿真波形

图 3-74 所示为加载在负载 R_L 的电压和流过它的电流仿真波形。

3.4.3 三相逆变器建模示例分析

已知：如图 3-75 所示，三相桥式电压型逆变电路，180°导电方式。

（1）逆变电源装置参数：输入直流电压 $U_{dc} = 200V$；输出频率 $f = 50Hz$；载波频率 $f_S = 16kHz$；输出容量 $S = 50kVA$；支撑电容 $C_1 = C_2 = 6800\mu F$。

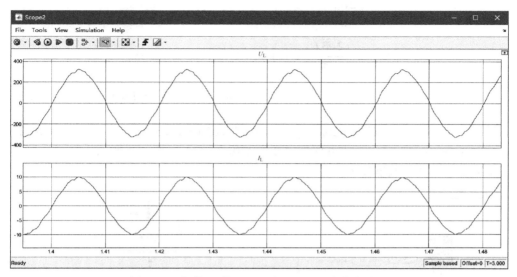

图 3-74　负载 R_L 的电压和流过它的电流仿真波形

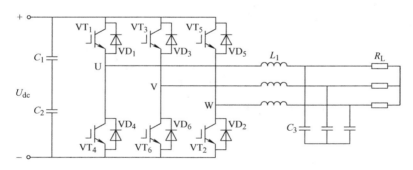

图 3-75　三相桥式电压型逆变电路拓扑

（2）试求输出相电压的基波幅值 U_{UN1m} 和有效值 U_{UN1}、输出线电压的基波幅值 U_{UV1m} 和有效值 U_{UV1}、输出线电压中 7 次谐波的有效值 U_{UV7}。

（3）采用 MATLAB/Simulink，构建 DC/AC 模型，主要仿真参数：滤波电感 $L_1 = 1.5\mathrm{mH}$，电容 $C_3 = 22\mathrm{\mu F}$（可以酌情修改），负载以纯电阻为例，采用 SPWM 控制方式，功率 50kW。

（4）可以得到三相逆变器输出电压波形 U_{UV}、U_{VW}、U_{WU}、U_{out}。

（5）可以得到加载在功率管 VT_1 的电压和流过它的电流波形。

（6）可以得到加载在负载 R_L 的电压和流过它的电流波形。

分析：

$$U_{\mathrm{UN1}} = \frac{U_{\mathrm{UN1m}}}{\sqrt{2}} = 0.45 U_{\mathrm{d}} = 0.45 \times 200\mathrm{V} = 90\mathrm{V} \tag{3-28}$$

$$U_{\text{UN1m}} = \frac{2U_\text{d}}{\pi} = 0.637U_\text{d} = 0.637 \times 200\text{V} = 127.4\text{V} \qquad (3\text{-}29)$$

$$U_{\text{UV1m}} = \frac{2\sqrt{3}\,U_\text{d}}{\pi} = 1.1U_\text{d} = 1.1 \times 200\text{V} = 220\text{V} \qquad (3\text{-}30)$$

$$U_{\text{UV1}} = \frac{U_{\text{UV1m}}}{\sqrt{2}} = \frac{\sqrt{6}}{\pi}U_\text{d} = 0.78U_\text{d} = 0.78 \times 200\text{V} = 156\text{V} \qquad (3\text{-}31)$$

$$U_{\text{UV7}} = 2\sqrt{3}\,U_\text{d}/(3.14 \times 7 \times \sqrt{2}) = 22.3\text{V} \qquad (3\text{-}32)$$

图 3-76 所示为三相桥式电压型逆变电路仿真模型，图 3-77 所示为三相桥式电压型逆变电路的控制器模型。

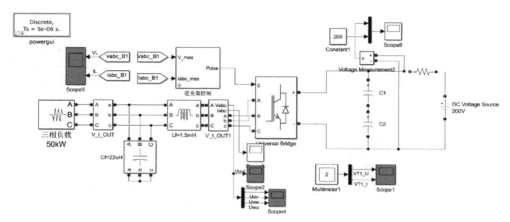

图 3-76 三相桥式电压型逆变电路仿真模型

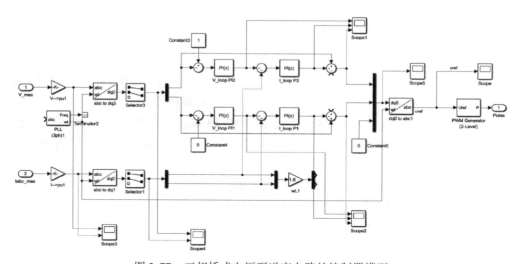

图 3-77 三相桥式电压型逆变电路的控制器模型

现将建模过程简述如下：

（1）直流电压源模块的调取，选择 Simscape/Electrical/Specialized Power Systems/Fundamental Blocks/Electrical Source 模块库，选择 DC Voltage Source 模块，其参数设置如图 3-78 所示。

（2）直流侧支撑电容模块和等效电阻的调取，选择 Simscape/Electrical/Specialized Power Systems/Fundamental Blocks/Elements 模块库，选择 Series RLC Branch 模块，支撑电容和等效电阻参数设置，分别如图 3-79 和图 3-80 所示。

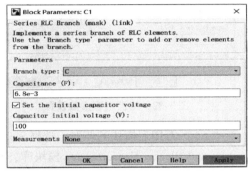

图 3-78　直流电压源模块的参数设置　　　　图 3-79　支撑电容参数设置

（3）通用电桥模块的调取，选择 Simscape/Electrical/Specialized Power Systems/Fundamental Blocks/Power Electronics 模块库，选择 Universal Bridge 模块，其参数设置如图 3-81 所示。

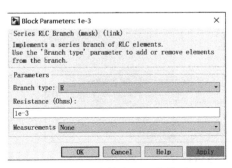

图 3-80　电路等效电阻参数设置　　　　图 3-81　逆变桥参数设置

（4）电阻电感电容模块的调取，选择 Simscape/Electrical/Specialized Power Systems/Fundamental Blocks/Elements，选择 Series RLC Branch，滤波电容和滤波电感的参数设置，分别如图 3-82 和图 3-83 所示。

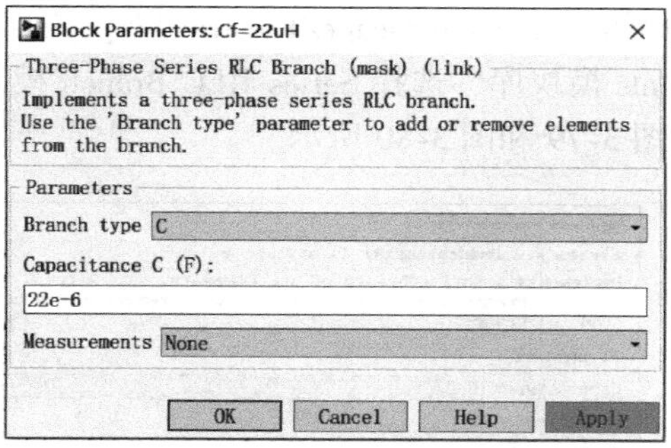

图 3-82　滤波电容参数设置 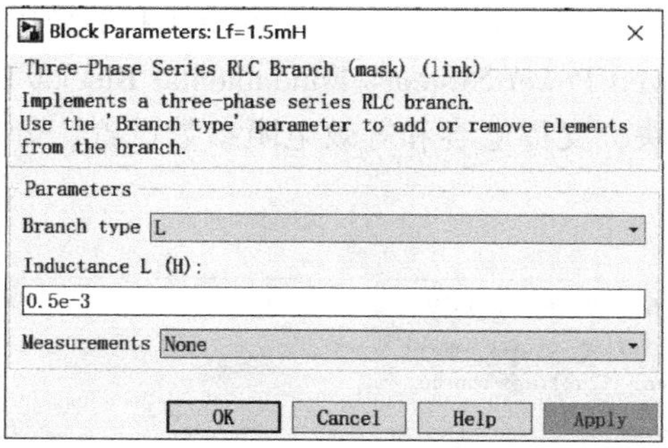　　　　　　图 3-83　滤波电感参数设置

（5）万用表模块的调取，选择 Simscape/Electrical/Specialized Power Systems/Fundamental Blocks/Measurements 模块库，选择 Multimeter 模块，其参数设置如图 3-84 所示。

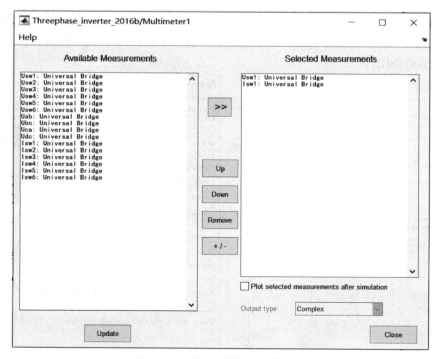

图 3-84　万用表模块的参数设置

（6）电压电流测量模块的调取，选择 Simscape/Electrical/Specialized Power Sys-tems/Fundamental Blocks/Measurements 模块库，选择 Voltage Measurement、Current Measurement 和 Three-Phase V-I Measurement 模块。

（7）示波器模块的调取，选择 Simulink/Commonly Used Blocks 模块库，选择 Scope 模块。

（8）powergui 模块的调取，选择 Simscape/Electrical/Specialized Power Sys-tems/Fundamental Blocks 模块库，选择 powergui 模块，其参数设置如图 3-85 所示。

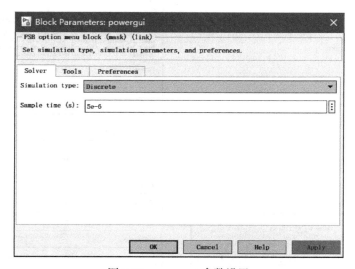

图 3-85　powergui 参数设置

（9）Gain 模块的调取，选择 Simulink/Commonly Used Blocks 模块库，选择 Gain 模块，交流电压电流和电流解耦 ωL 模块的参数设置，分别如图 3-86 ~ 图 3-88 所示。

图 3-86　交流电压标幺化参数设置

图 3-87　交流电流标幺化参数设置

（10）Constant 模块的调取，选择 Simulink/Commonly Used Blocks 模块库，选择 Constant 模块。

（11）锁相环模块的调取，选择 Simscape/Electrical/Specialized Power Systems/Control & measurements/PLL 模块库，选择 PLL（3ph）模块，其参数设置如图 3-89 所示。

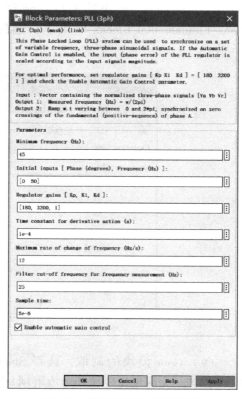

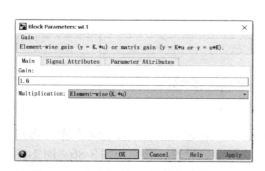

图 3-88　电流解耦 ωL 模块的参数设置　　　　图 3-89　锁相环模块的参数设置

（12）abc to dq0 变换模块和 dq0 to abc 变换模块的调取，选择 Simscape/Electrical/Specialized Power Systems/Control & measurements/Transformations 模块库，选择 abc to dq0 模块和 dq0 to abc 模块。

（13）PID 控制器模块的调取，选择 Simulink/Continuous 模块库，选择 PID Controller 模块，d 轴的电压环 PI 和电流环 PI 和 q 轴的电压环 PI 和电流环 PI 参数设置，分别如图 3-90 ~ 图 3-93 所示。

（14）Selector 模块的调取，选择 Simulink/Signal Routing 模块库，选择 Selector 模块，其参数设置如图 3-94 所示。

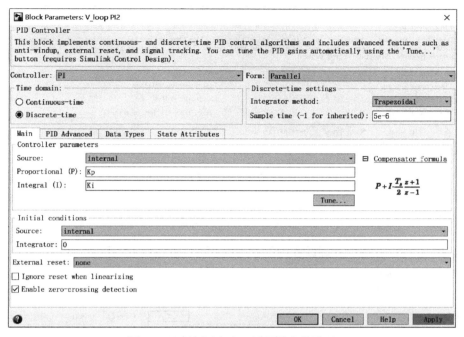

图 3-90　d 轴电压环 PI 控制器参数设置

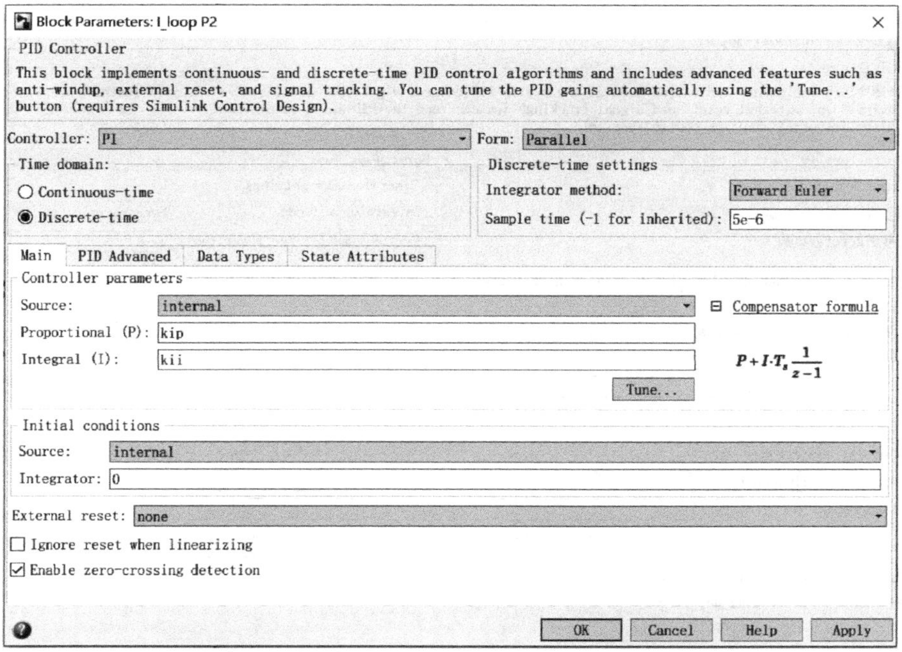

图 3-91　d 轴电流环 PI 控制器参数设置

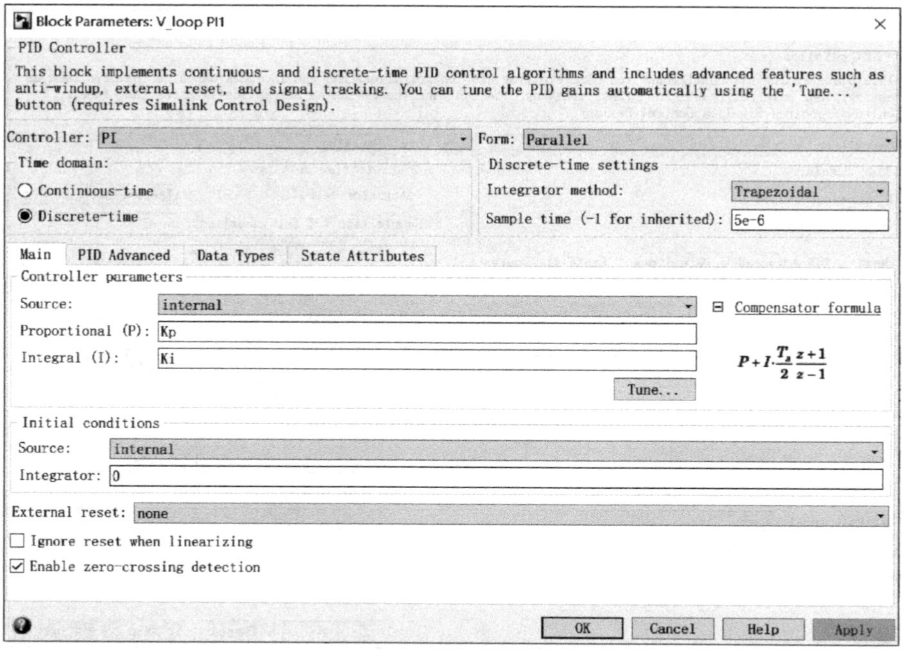

图 3-92 q 轴电压环 PI 控制器参数设置

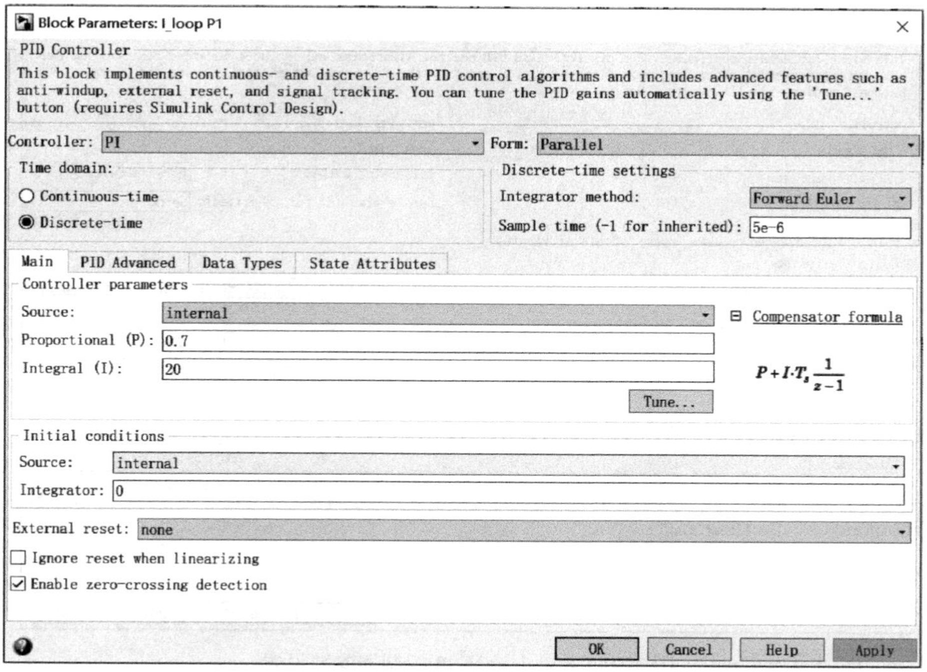

图 3-93 q 轴电流环 PI 控制器参数设置

（15）PWM 发生器模块的调取，选择 Simscape/Electrical/Specialized Power Systems/Control & measurements/Pulse & Signal Generators 模块库，选择 PWM Generator（2 – Level）模块，其参数设置如图 3-95 所示。

（16）Add 和 Sum 模块的调取，选择 Simulink/Math Operations 模块库，选择 Add 模块和 Sum 模块。

将逆变控制器整合为一个子系统，通过 Mask Editor（快捷键 Ctrl + M）创建逆变控制器模块封装，如图 3-96所示。

逆变控制器模块参数如图 3-97 所示。

图 3-94 Selector 模块的参数设置

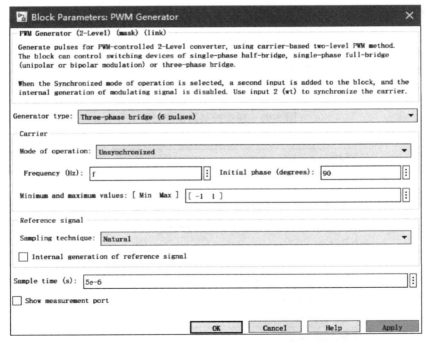

图 3-95 PWM Generator（2 – Level）模块的参数设置

图 3-98 所示为三相逆变器输出电压仿真波形。

图 3-99 所示为加载在功率管 VT_1 的电压和流过它的电流仿真波形。

图 3-100 所示为加载在负载 R_L 的电压和流过它的电流仿真波形。

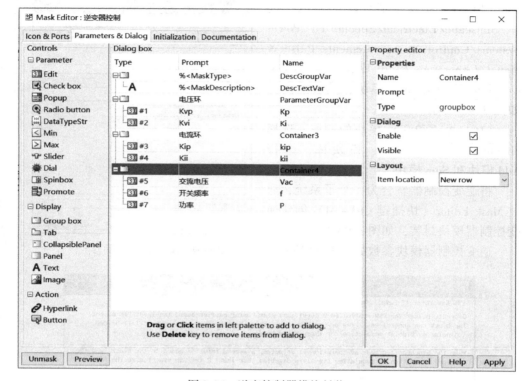

图 3-96　逆变控制器模块封装

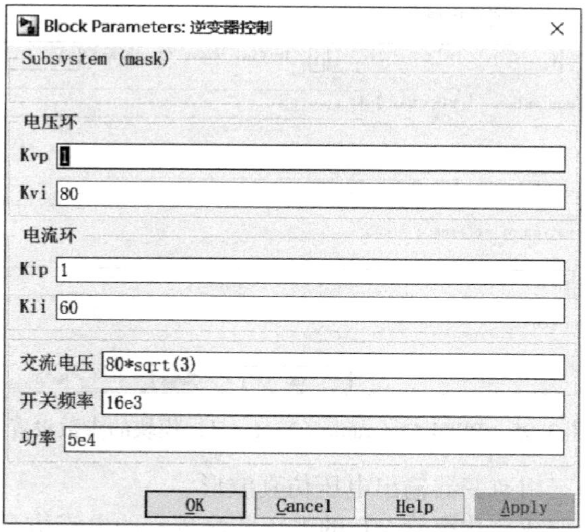

图 3-97　逆变控制器模块参数

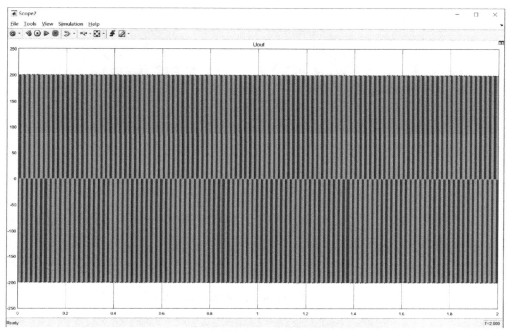

a) 三相输出电压U_{out}仿真波形

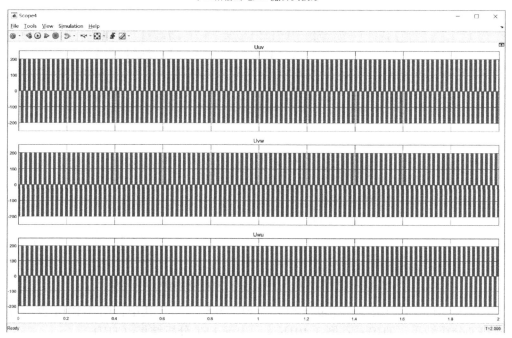

b) 线电压U_{UV}、U_{VW}、U_{WU}仿真波形

图 3-98　三相逆变器输出电压仿真波形

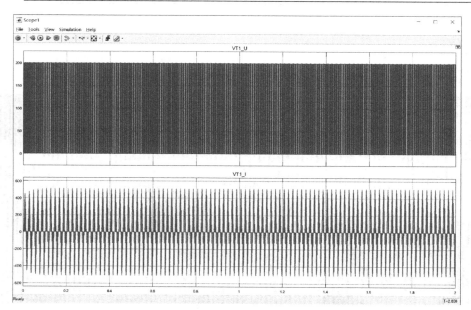

图 3-99　加载在功率管 VT_1 的电压和流过它的电流仿真波形

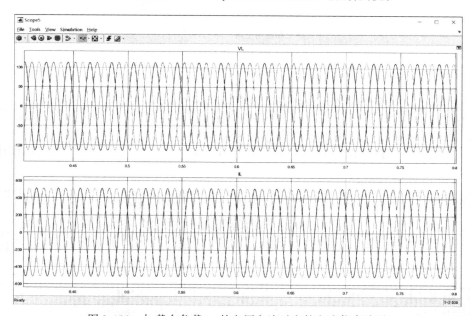

图 3-100　加载在负载 R_L 的电压和流过它的电流仿真波形

图 3-101 所示为输出三相电压和电流 FFT 分析结果，其中，图 3-101a 表示电压 FFT 分析结果（THDu）；图 3-101b 表示电流 FFT 分析结果（THDi）。

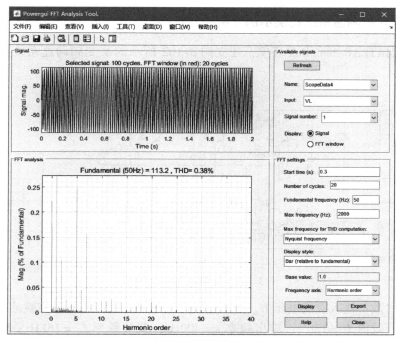

a) 电压FFT分析结果(THDu)

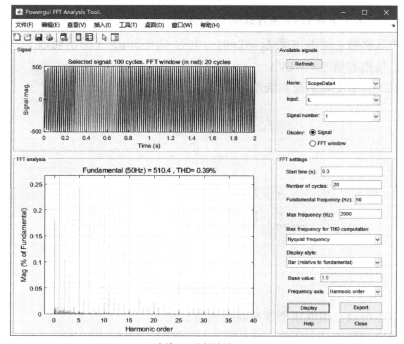

b) 电流FFT分析结果(THDi)

图 3-101　输出三相电压和电流 FFT 分析结果

3.4.4 某变频调速系统建模示例分析

采用 MATLAB/Simulink 环境，建立图 3-102 所示的某变频调速系统拓扑的仿真模型。

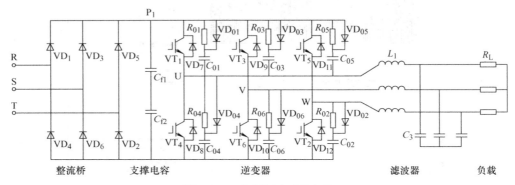

图 3-102 变频调速系统拓扑

系统参数：输入直流电压 $U_{dc} = 600V$，直流电压通过三相不可控整流获取；输出相电压有效值 $U = 120V$；输出频率 $f = 400Hz$；载波频率 $f_C = 16kHz$；输出容量 $S = 27kVA$。

3.4.4.1 采用 PWM 控制方式的示例分析

主要仿真参数：滤波电感 $L_1 = 2mH$；电容 $C_3 = 30\mu F$（酌情修改）；负载以纯电阻为例，输出容量 $S = 27kVA$。

图 3-103 表示变频调速系统电路的仿真模型。

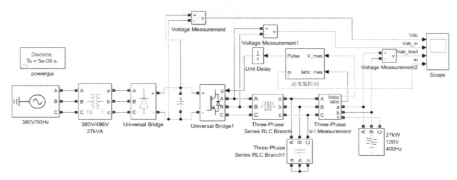

图 3-103 变频调速系统电路的仿真模型

图 3-104 表示三相电压型逆变器控制器模型。

现将建模过程简述如下：

（1）三相交流电压源模块的调取，选择 Simscape/Electrical/Specialized Power

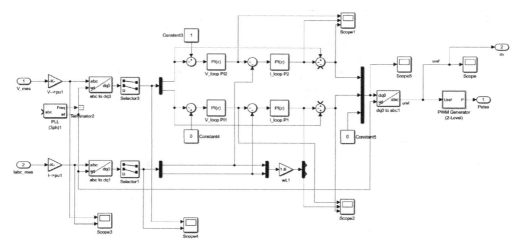

图 3-104 三相电压型逆变器控制器模型

Systems/Fundamental Blocks/Electrical Source 模块库，选择 Three-Phase Source 模块，其参数设置如图 3-105 所示。

（2）变压器模块的调取，选择 Simscape/Electrical/Specialized Power Systems/Fundamental Blocks/Elements 模块库，选择 Three-Phase Transformer（Two Windings）模块，其参数设置如图 3-106 所示。

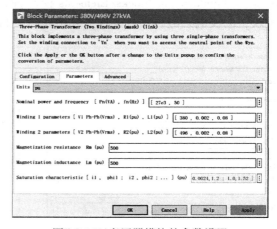

图 3-105 三相交流电压源模块的参数设置　　图 3-106 变压器模块的参数设置

（3）通用电桥模块的调取，选择 Simscape/Electrical/Specialized Power Systems/Fundamental Blocks/Power Electronics 模块库，选择 Universal Bridge 模块，整流桥和逆变桥参数设置，分别如图 3-107 和图 3-108 所示。

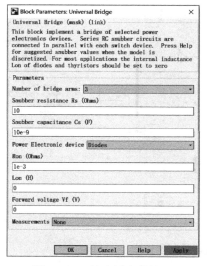

图 3-107　整流桥参数设置

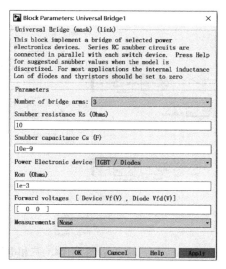

图 3-108　逆变桥参数设置

（4）电阻电感电容模块的调取，选择 Simscape/Electrical/Specialized Power Systems/Fundamental Blocks/Elements 模块库，选择 Series RLC Branch 模块，其参数设置如图 3-109 所示。

（5）三相电阻电感电容模块的调取，选择 Simscape/Electrical/Specialized Power Systems/Fundamental Blocks/Elements 模块库，选择 Three-Phase Series RLC Branch 模块，滤波电感电容参数设置，分别如图 3-110 和图 3-111 所示。

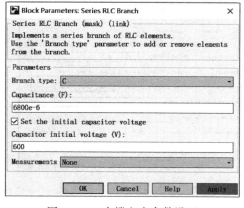

图 3-109　支撑电容参数设置

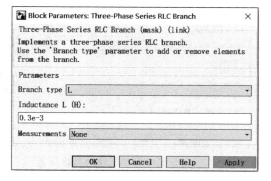

图 3-110　滤波电感参数设置

（6）电压电流测量模块的调取，选择 Simscape/Electrical/Specialized Power Systems/Fundamental Blocks/Measurements 模块库，选择 Voltage Measurement 和 Three-Phase V – I Measurement 模块。

（7）示波器模块的调取，选择 Simulink/Commonly Used Blocks 模块库，选择 Scope 模块。

（8）powergui 模块的调取，选择 Simscape/Electrical/Specialized Power Systems/Fundamental Blocks 模块库，选择 powergui 模块，其参数设置如图 3-112 所示。

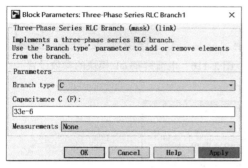

图 3-111　滤波电容参数设置

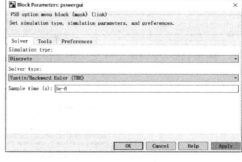

图 3-112　powergui 参数设置

（9）三相负载模块的调取，选择 Simscape/Electrical/Specialized Power Systems/Fundamental Blocks/Elements 模块库，选择 Three-Phase Series RLC Load 模块，其参数设置如图 3-113 所示。

（10）Gain 模块的调取，选择 Simulink/Commonly Used Blocks 模块库，选择 Gain 模块，交流电压电流和电流解耦 ωL 模块的参数设置，分别如图 3-114 ~ 图 3-116所示。

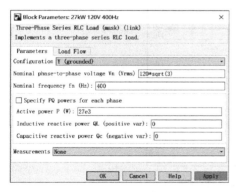

图 3-113　三相负载参数设置

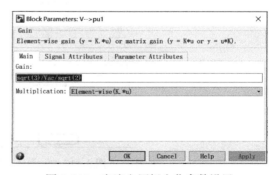

图 3-114　交流电压标幺化参数设置

（11）Constant 模块的调取，选择 Simulink/Commonly Used Blocks 模块库，选择 Constant 模块。

（12）锁相环模块的调取，选择 Simscape/Electrical/Specialized Power Systems/Control & measurements/PLL 模块库，选择 PLL（3ph）模块，其参数设置如图 3-117所示。

图 3-115 交流电流标幺化参数设置

图 3-116 电流解耦 ωL 模块的参数设置

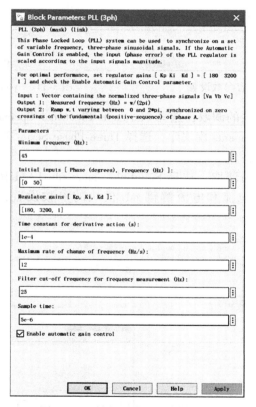

图 3-117 锁相环模块的参数设置

（13）abc to dq0 变换模块和 dq0 to abc 变换模块的调取，选择 Simscape/Electrical/Specialized Power Systems/Control & measurements/Transformations 模块库，选择 abc to dq0 和 dq0 to abc 模块。

（14）PID 控制器模块的调取，选择 Simulink/Continuous 模块库，选择 PID Controller 模块，d 轴的电压环 PI 和电流环 PI 和 q 轴的电压环 PI 和电流环 PI 参数设置，分别如图 3-118 ~ 图 3-121 所示。

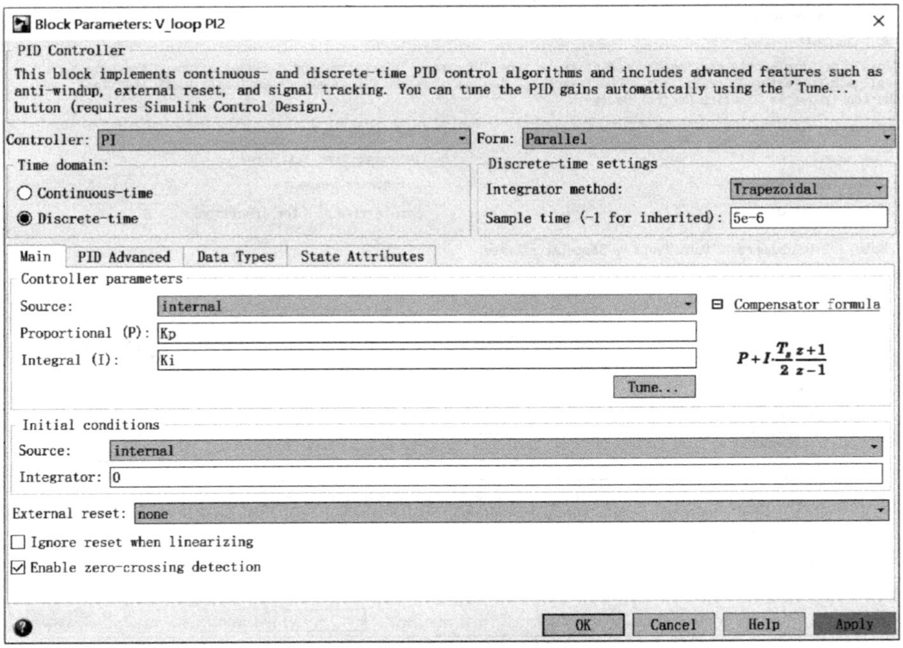

图 3-118　d 轴电压环 PI 控制器参数设置

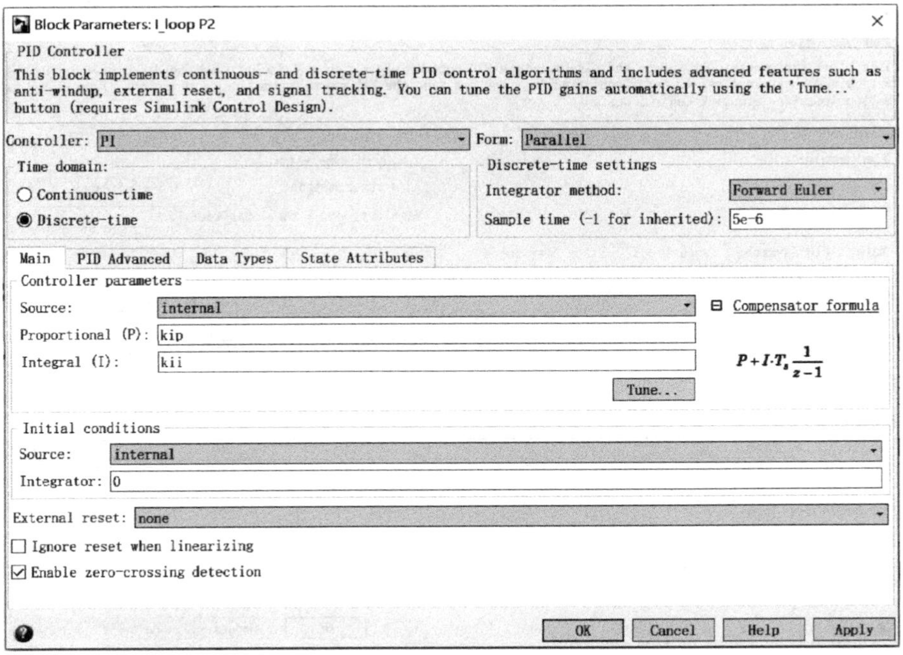

图 3-119　d 轴电流环 PI 控制器参数设置

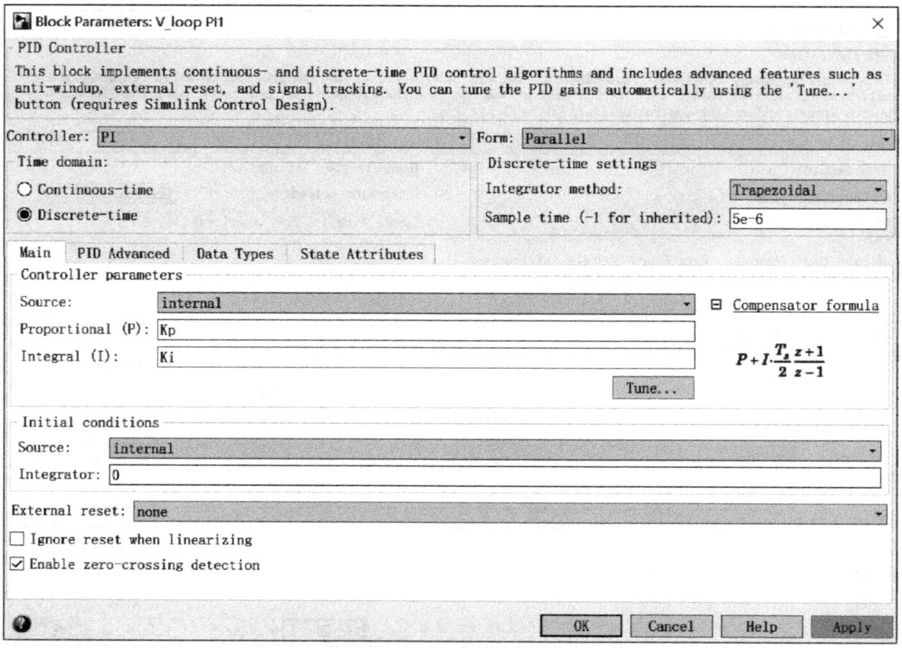

图 3-120　q 轴电压环 PI 控制器参数设置

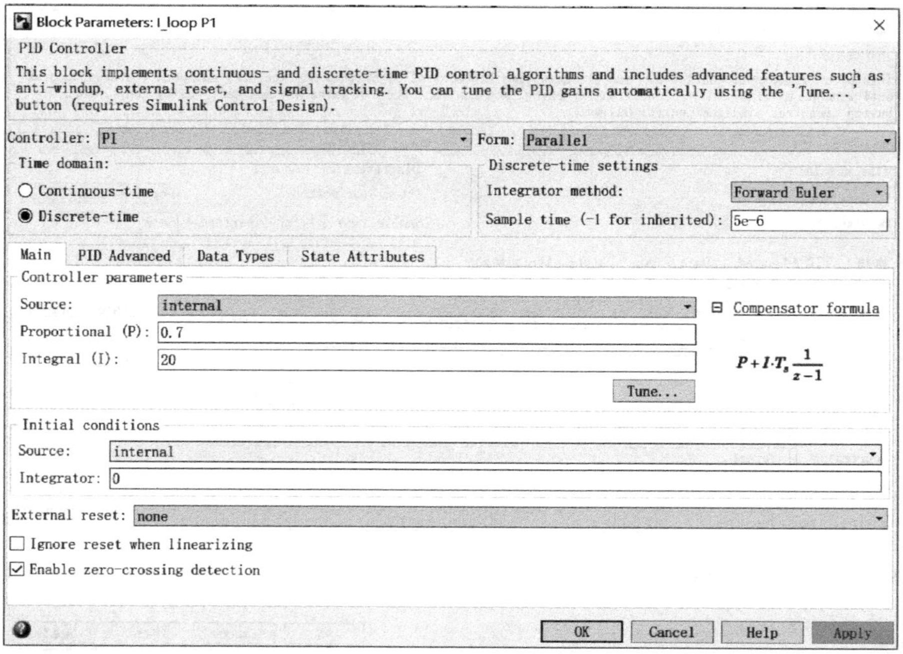

图 3-121　q 轴电流环 PI 控制器参数设置

（15）Selector 模块的调取，选择 Simulink/Signal Routing 模块库，选择 Selector 模块，其参数设置如图 3-122 所示。

（16）PWM 发生器模块的调取，选择 Simscape/Electrical/Specialized Power Systems/Control & measurements/Pulse & Signal Generators 模块库，选择 PWM Generator（2 - Level）模块，其参数设置如图 3- 123 所示。

（17）Add 和 Sum 模块的调取，选择 Simulink/Math Operations 模块库，选择 Add 模块和 Sum 模块。

将逆变控制器整合为一个子系统，通过 Mask Editor（快捷键 Ctrl + M）创建逆变控制器模块封装，如图 3-124 所示；逆变控制器模块参数如图 3-125 所示。

图 3-122　Selector 模块的参数设置

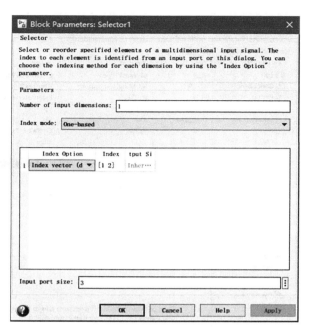

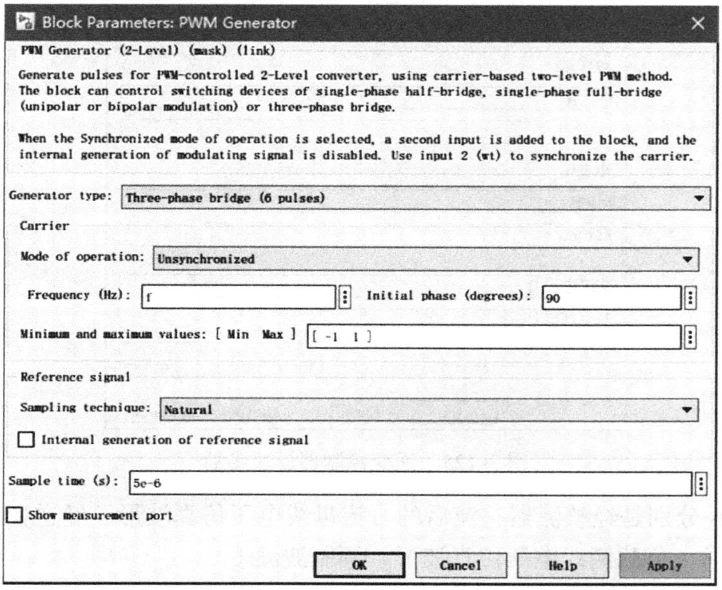

图 3-123　PWM Generator（2 - Level）模块的参数设置

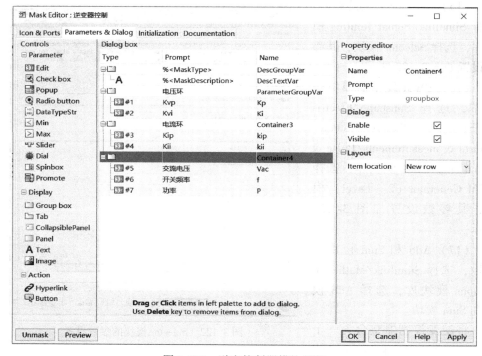

图 3-124　逆变控制器模块封装

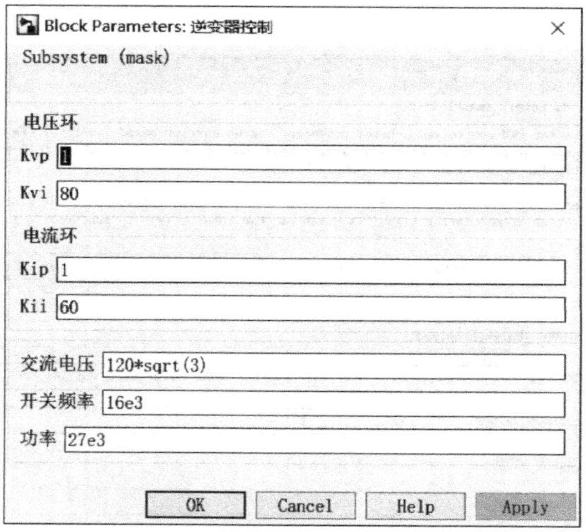

图 3-125　逆变控制器模块参数

图 3-126 分别是经整流器整流后的直流母线电压仿真波形、经逆变器逆变后线电压仿真波形、负载侧线电压仿真波形、调制波波形。

图 3-127 是负载侧线电压 FFT 分析结果（THDu）。

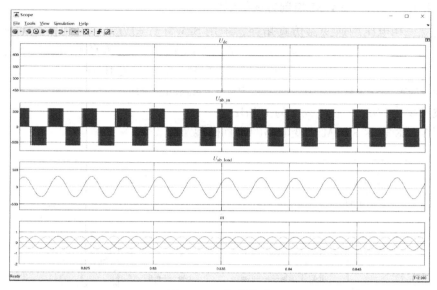

图 3-126　输出波形

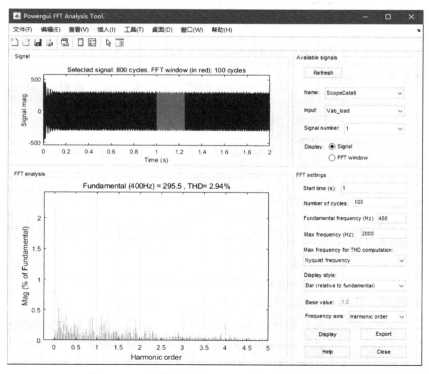

图 3-127　负载侧线电压 FFT 分析结果（THDu）

3.4.4.2 采用 SPWM 控制方式的示例分析

建立三相电压型逆变器仿真拓扑，采用 SPWM 控制方式，其他参数同前。为了验证 SPWM 控制方法，这里利用 MATLAB/simulink 搭建仿真模型。具体仿真参数为：直流侧电压为 600V，滤波电感 L 为 2mH，电容 C 为 10μF，负载为阻性负载功率为 27kW，SPWM 信号由 Discrete PWM Generator 模块产生，调制度 m 为 0.85，调制波频率为 50Hz，载波频率为 16kHz。

图 3-128 表示 SPWM 逆变电路的仿真模型。

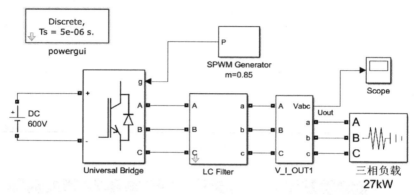

图 3-128　SPWM 控制的逆变电路的仿真模型

现将建模过程简述如下：

（1）直流电压源模块的调取，选择 Simscape/Electrical/Specialized Power Systems/Fundamental Blocks/Electrical Source 模块库，选择 DC Voltage Source 模块，其参数设置如图 3-129 所示。

（2）通用电桥模块的调取，选择 Simscape/Electrical/

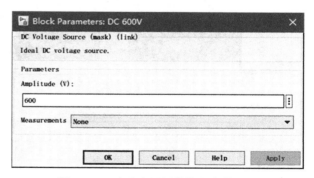

图 3-129　直流电压源模块的参数设置

Specialized Power Systems/Fundamental Blocks/Power Electronics 模块库，选择 Universal Bridge 模块，其参数设置如图 3-130 所示。

（3）三相电阻电感电容模块的调取，选择 Simscape/Electrical/Specialized Power Systems/Fundamental Blocks/Elements 模块库，选择 Three-Phase Series RLC Branch，滤波电感电容参数设置，分别如图 3-131 和图 3-132 所示。

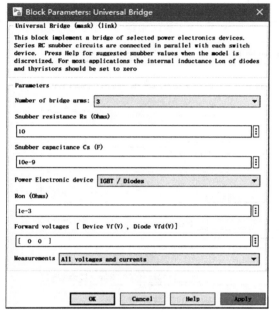

图 3-130　逆变桥参数设置

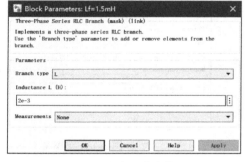

图 3-131　滤波电感参数设置

（4）三相负载模块的调取，选择 Simscape/Electrical/Specialized Power Systems/Fundamental Blocks/Elements 模块库，选择 Three-Phase Series RLC Load 模块，其参数设置如图 3-133 所示。

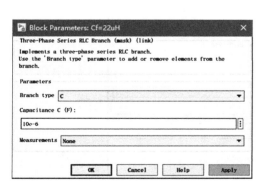

图 3-132　滤波电容参数设置

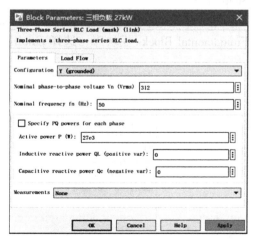

图 3-133　三相负载模块的参数设置

（5）PWM 发生器模块的调取，选择 Simscape/Electrical/Specialized Power Systems/Control & measurements/Pulse & Signal Generators 模块库，选择 PWM Generator

（2 – Level）模块，其参数设置如图 3-134 所示。

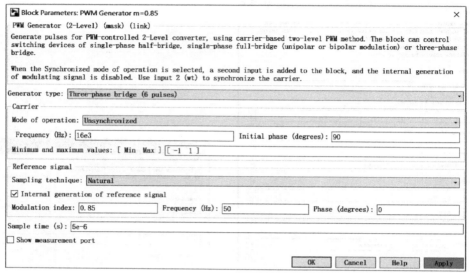

图 3-134 PWM Generator（2 – Level）模块的参数设置

（6）电压电流测量模块的调取，选择 Simscape/Electrical/Specialized Power Systems/Fundamental Blocks/Measurements 模块库，选择 Three-Phase V – I Measurement 模块。

（7）示波器模块的调取，选择 Simulink/Commonly Used Blocks 模块库，选择 Scope 模块。

（8）powergui 模块的调取，选择 Simscape/Electrical/Specialized Power Systems/Fundamental Blocks 模块库，选择 powergui 模块，其参数设置如图 3-135 所示。

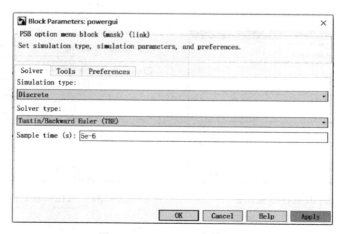

图 3-135 powergui 参数设置

图 3-136 是三相电压型 SPWM 逆变器输出电压仿真波形；图 3-137 是输出电压 FFT 分析结果。

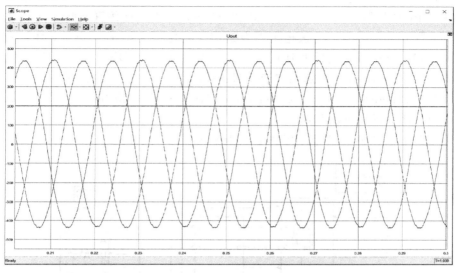

图 3-136　SPWM 控制下的三相电压型逆变器输出电压仿真波形

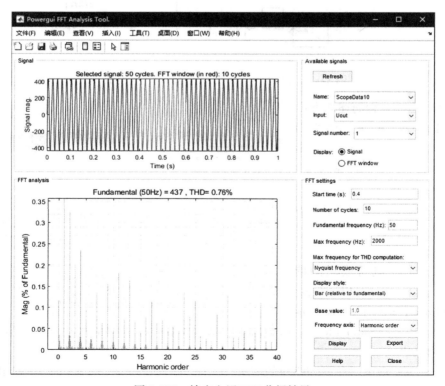

图 3-137　输出电压 FFT 分析结果

3.4.4.3 采用 SVPWM 控制方式的示例分析

建立三相电压型逆变器仿真拓扑，采用 SVPWM 控制方式，其他参数同前。为了验证 SVPWM 控制方法，这里利用 MATLAB/Simulink 搭建仿真模型。具体仿真参数：直流侧电压为 600V，滤波电感 L 为 2mH，电容 C 为 47μF，负载为阻性负载，功率为 27kW，SVPWM 信号由 Discrete SVPWM Generator 模块产生，在此模块 Data type of input reference vector 选项中选择 Magnitude — Angle（rad）；在 Switching Pattern 中选择 Pattern#1，Chopping frequency（Hz）中选择 2000；输入信号幅值为 0.85，锁相环给定频率为 50Hz。

图 3-138 表示 SVPWM 逆变电路的仿真模型。

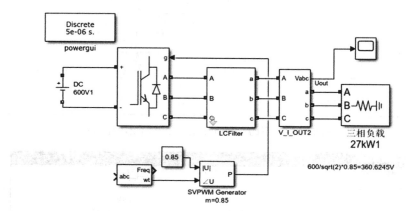

图 3-138　SVPWM 控制的逆变电路的仿真模型

现将建模过程简述如下：

（1）直流电压源模块的调取，选择 Simscape/Electrical/Specialized Power Systems/Fundamental Blocks/Electrical Source 模块库，选择 DC Voltage Source 模块，其参数设置如图 3-139 所示。

（2）通用电桥模块的调取，选择 Simscape/Electrical/Specialized Power Systems/Fundamental Blocks/Power Electronics 模块库，选择 Universal Bridge 模块，其参数设置如图 3-140 所示。

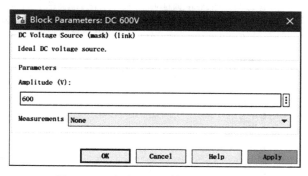

图 3-139　直流电压源模块的参数设置

（3）三相电阻电感电容模块的调取，选择 Simscape/Electrical/Specialized Power Systems/Fundamental Blocks/Elements 模块库，选择 Three-Phase Series RLC Branch

模块，滤波电感电容参数设置，分别如图 3-141 和图 3-142 所示。

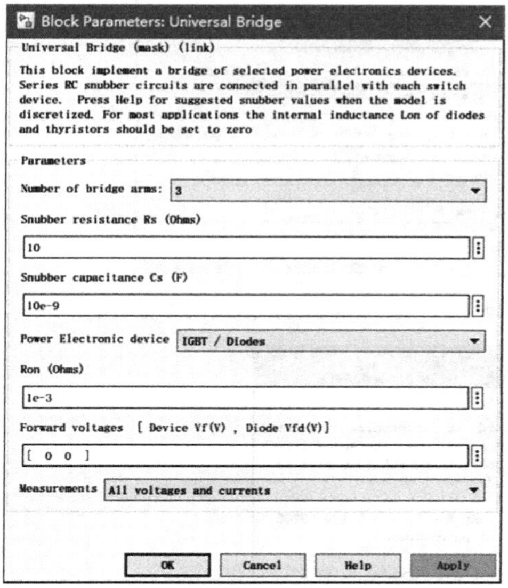

图 3-140　逆变桥参数设置

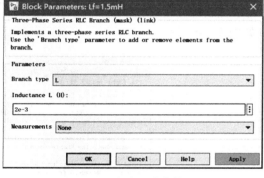

图 3-141　滤波电感参数设置

（4）三相负载模块的调取，选择 Simscape/Electrical/Specialized Power Systems/Fundamental Blocks/Elements 模块库，选择 Three-Phase Series RLC Load 模块，其参数设置如图 3-143 所示。

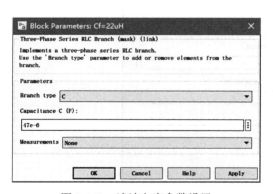

图 3-142　滤波电容参数设置

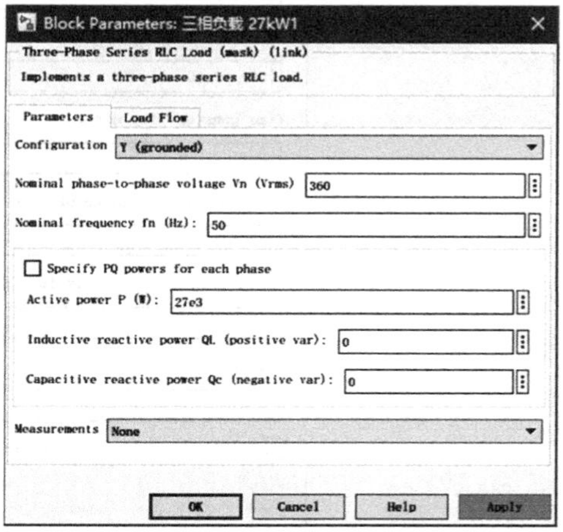

图 3-143　三相负载模块的参数设置

（5）SVPWM 发生器模块的调取，选择 Simscape/Electrical/Specialized Power Systems/Control & measurements/Pulse & Signal Generators 模块库，选择 PWM Generator（2 - Level）模块，其参数设置如图 3-144 所示。

（6）锁相环模块的调取，选择
Simscape/Electrical/Specialized Power
Systems/Control & measurements/PLL
模块库，选择 PLL（3ph）模块，其
参数设置如图 3-145 所示。

（7）Constant 模块的调取，选择
Simulink/Commonly Used Blocks 模块
库，选择 Constant 模块，其参数设置
如图 3-146所示。

图 3-144　SVPWM Generator 模块的参数设置

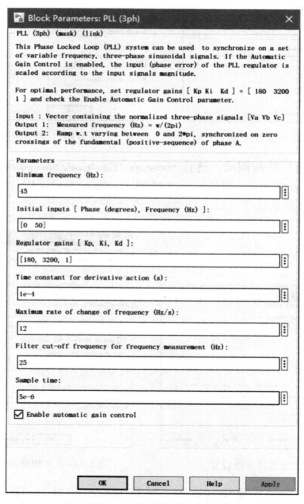

图 3-145　锁相环模块的参数设置

（8）电压电流测量模块的调取，选择 Simscape/Electrical/Specialized Power Systems/Fundamental Blocks/Measurements 模块库，选择 Three-Phase V－I Measurement 模块。

（9）示波器模块的调取，选择 Simulink/Commonly Used Blocks 模块库，选择 Scope 模块。

（10）powergui 模块的调取，选择 Simscape/Electrical/Specialized Power Systems/Fundamental Blocks 模块库，选择 powergui 模块，其参数设置如图 3-147 所示。

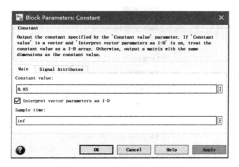

图 3-146　输入信号幅值

图 3-147　powergui 参数设置

图 3-148 所示为三相电压型 SVPWM 逆变器输出电压仿真波形。

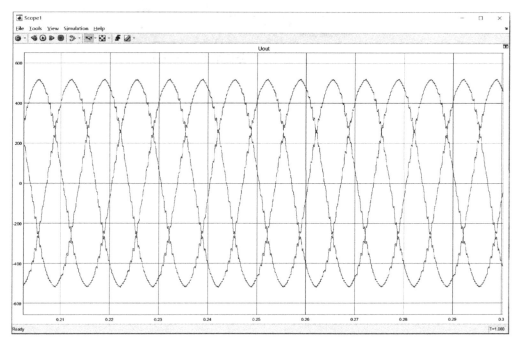

图 3-148　SVPWM 控制下的三相电压型逆变器输出电压仿真波形

图 3-149 所示为输出电压 FFT 分析结果（THDu）。

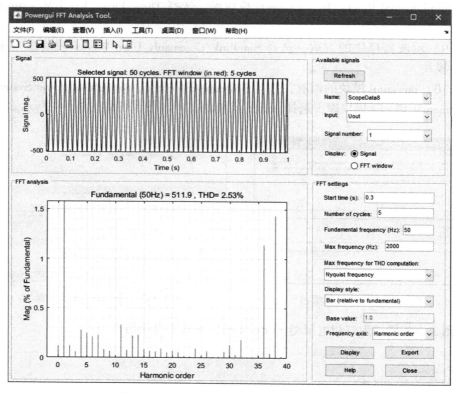

图 3-149　输出电压 FFT 分析结果（THDu）

第4章 DC/DC变换

4.1 DC/DC变换器概述

4.1.1 概述

DC/DC变换器，即直流－直流变换器，是将一种直流电源转变为其他电压种类的直流变换装置，也称为直流斩波器。举例说明：目前通信设备的直流电源电压规定为 $-48\mathrm{V}$，由于在通信系统中仍存在 $-24\mathrm{V}$（通信设备）及 $+12\mathrm{V}$、$+5\mathrm{V}$（集成电路）的工作电源，因此，有必要将 $-48\mathrm{V}$ 基础电源通过直流—直流变换器变换到相应电压种类的直流电源，以供实际使用。

DC/DC变换器（斩波器）的工作方式有两种，一是脉宽调制方式（周期 T_s 不变），改变 t_{on}（导通时间），二是频率调制方式。典型DC/DC变换器包括：

（1）BUCK电路，又称降压斩波器，其输出平均电压 U_0 小于输入电压 U_{in}，极性相同。

（2）BOOST电路，又称升压斩波器，其输出平均电压 U_0 大于输入电压 U_{in}，极性相同。

（3）BUCK－BOOST电路，又称降压或升压斩波器，其输出平均电压 U_0 大于或小于输入电压 U_{in}，极性相反，电感传输。

（4）Cuk电路，又称降压或升压斩波器，其输出平均电压 U_0 大于或小于输入电压 U_{in}，极性相反，电容传输。

4.1.2 DC/DC变换器分类

DC/DC开关电源主回路可以分为隔离式与非隔离式两大类型：

（1）非隔离式DC/DC开关电源，即输入端与输出端电气相通，没有隔离，包括：

1）串联式结构是指在主回路中，相对于输入端而言，开关器件与输出端负载成并联连接的关系，例如BUCK拓扑型开关电源就属于串联式开关电源。

2）并联式结构是指在主回路中，相对于输入端而言，开关器件与输出端负载成并联连接的关系，例如BOOST拓扑型开关电源就属于并联式开关电源。

3）极性反转结构是指输出电压与输入电压的极性相反。电路的基本结构特征是：在主回路中，相对于输入端而言，电感器 L 与负载并联。BUCK-BOOST拓扑就是反极性开关电源。

（2）隔离式 DC/DC 开关电源，其输入端与输出端电气不相通，通过脉冲变压器的磁偶合方式传递能量，输入输出完全电气隔离，包括：

1）正激式电源：只有在开关管导通的时候，能量才通过变压器或电感向负载释放，当开关关闭时，停止向负载释放能量。如：串联式开关电源、BUCK 拓扑结构开关电源、推免式、半桥式、全桥式、正激式变压器开关电源都属于正激式电源。

2）反激式电源：在开关管导通的时候存储能量，只有在开关管关断时，才向负载释放能量。如：并联式开关电源、BOOST 拓扑结构开关电源、极性反转型变换器、反激式变压器开关电源。

4.2 非隔离 DC/DC 变换器

4.2.1 概述

1. 直流变换电源的基本定义

利用电力开关器件周期性地开通与关断，用以改变输出电压的大小，将直流电能转换为另一固定电压或可调电压的直流电能的电源称为直流变换电源（又称为开关型 DC/DC 变换电源、斩波器）。

2. 直流变换电源分类

1）按稳压控制方式：脉冲宽度调制（PWM）、脉冲频率调制（PFM）两种直流变换电源。

2）按变换器的功能：降压变换电路（BUCK）、升压变换电路（BOOST）、升降压变换电路（BUCK – BOOST）、库克变换电路（Cuk）和 Sepic 斩波电源和 Zeta 斩波电源。

3）直流变换电源隔离方式：在直流开关稳压电源中直流变换电路常常采用变压器实现电隔离，而在直流电机的调速装置中可不用变压器隔离。

4.2.2 非隔离 DC/DC 变换器之 BUCK

4.2.2.1 典型数量关系

图 4-1 所示为基于串联电阻调压、基于串联晶体管调压和基于 IGBT 调压的对比示意图。

图 4-2 表示基于 IGBT 的降压变换电路（BUCK）的原理图，其中，S 表示全控型器件（如 IGBT、MOSFET）、VD 表示续流二极管、L 和 C 表示输出滤波器、U_S 表示输入电源、U_O 表示输出电源、R 表示负载。

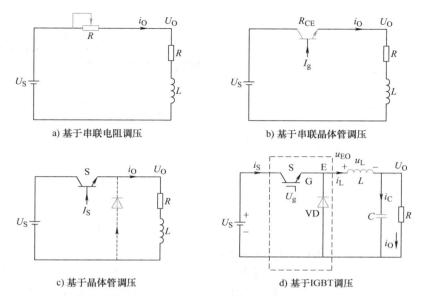

图 4-1　调压对比示意图

在 DC/DC 变换器中，降阶处理思路：假定电容上的端电压为恒定值，将二阶微分方程降为一阶微分方程。在稳态条件下的两个重要定律：

电感伏秒平衡：$\int_0^T u_L \mathrm{d}t = 0$

电容电荷平衡：$\int_0^T i_C \mathrm{d}t = 0$

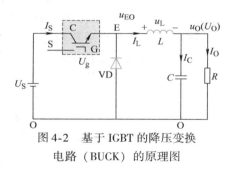

图 4-2　基于 IGBT 的降压变换电路（BUCK）的原理图

为获得开关型变换器的基本工作特性，简化分析，假定的理想条件是：

（1）开关管 S 和二极管 VD 从导通变为阻断，或从阻断变为导通的过渡过程时间均为零。

（2）开关器件的通态电阻为零，电压降为零。断态电阻为无限大，漏电流为零。

（3）电路中的电感和电容均为无损耗的理想储能元件。

（4）线路阻抗为零。电源输出到变换器的功率等于变换器的输出功率，即 $U_S I_S = U_O I_O$。

下面分电感电流连续模式（Continuous Current Mode，CCM）和电感电流断续模式（Discontinuous Current Mode，DCM）两种，讨论其数量关系。

（1）电感电流连续模式时的数量关系

1）开关状态 1：Q 导通（$0 \leqslant t \leqslant t_{on}$）

图 4-3 表示开关管 S 开断过程的电流通路示意图。$t = 0$ 时刻，S 被激励导通，二极管 VD 中的电流迅速转换到 S，二极管被截止，等效电路如图 4-3a 所示。

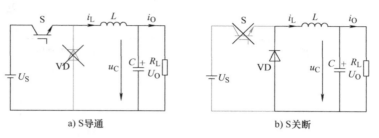

图 4-3　开关管 S 开断过程的电流通路示意图

2）开关状态 2：S 关断（$t_{on} \leqslant t \leqslant T$）

$t = t_{on}$ 时刻。S 关断，储能电感中的电流不能突变，于是电感 L 两端产生了与原来电压极性相反的自感电动势，该电动势使二极管 VD 正向偏置，二极管 VD 导通，储能电感中储存的能量通过二极管 VD 向负载供电，二极管 VD 的作用是续流，这就是二极管 VD 被称作为续流二极管的原因，等效电路如图 4-3b 所示。

显然，只有让 S 导通期间（t_{on} 内），电感 L 增加的电流等于 S 截止期间（t_{off} 时间内）减少的电流，这样电路才能达到平衡，才能保证储能电感 L 中一直有能量，才能不断地向负载提供能量和功率，即

$$\frac{U_{S} - U_{O}}{L} t_{on} = \frac{U_{O}}{L} t_{off} \tag{4-1}$$

考虑到 $t_{on} = \delta T$ 和 $t_{off} = (1 - \delta) T$，T 表示开关周期。由式（4-1）可得

$$U_{O} = \delta U_{S} \tag{4-2}$$

表达式（4-2）即为 BUCK 电源的标准表达式，它表明输出电压平均值与占空比 δ 成正比，δ 从 0 变到 1，输出电压从 0 变到 U_{S}，且输出电压最大值不超过 U_{S}。

推导可得滤波电容 C 的电压脉动表达式为

$$\Delta U_{C} = \frac{(U_{S} - U_{O})}{8 L C f_{S}^{2}} \delta = \frac{U_{O}(1 - \delta)}{8 L C f_{S}^{2}} \tag{4-3}$$

式中，f_{S} 表示开关频率。定义电源电压纹波系数为

$$r = \frac{\Delta U_{O}}{U_{O}} = \frac{(1 - \delta)}{8 L C f_{S}^{2}} \tag{4-4}$$

分析表达式（4-4）可知，在 BUCK 电路中，如果滤波电容 C 的容量足够大，则输出电压 U_{O} 为常数。然而在电容 C 为有限值的情况下，直流输出电压将会有纹波成分。

电流连续时，输出电压的纹波的表达式为

$$r = \frac{\Delta U_O}{U_O} = \frac{(1-\delta)}{8LCf_S^2} = \frac{\pi^2}{2}(1-\delta)\left(\frac{f_C}{f_S}\right)^2 \tag{4-5}$$

式中，f_C 为电路的截止频率，即

$$f_C = \frac{1}{2\pi\sqrt{LC}}$$

分析表达式(4-5) 可知，通过选择合适的滤波器 L、C 值，且满足 $f_C \ll f_S$ 时，可以限制输出纹波电压的大小，而且纹波电压的大小与负载无关。

电感电流最大值的表达式为

$$I_{Lmax} = I_L + \frac{\Delta I_L}{2} = \frac{U_O}{R_L} + \frac{U_O(1-\delta)}{2Lf_S} = U_O\left(\frac{1}{R_L} + \frac{1-\delta}{2Lf_S}\right) \tag{4-6}$$

式中，R_L 为负载电阻。同理，可得电感电流最小值的表达式为

$$I_{Lmin} = I_L - \frac{\Delta I_L}{2} = \frac{U_O}{R_L} - \frac{U_O(1-\delta)}{2Lf_S} = U_O\left(\frac{1}{R_L} - \frac{1-\delta}{2Lf_S}\right) \tag{4-7}$$

电感电流不能突变，只能近似地线性上升和下降，电感量越大，电流的变化越平滑；电感量越小，电流的变化越陡峭。当电感量小到一定值时，在 $t = T$ 时刻，电感 L 中储藏的能量刚刚释放完毕，这时 $I_{Lmin} = 0$，此时的电感量被称为临界电感，当储能电感 L 的电感量小于临界电感时，电感中电流就将发生断续现象。将 $I_{Lmin} = 0$ 代入式(4-7)，可得

$$\frac{1}{R_L} = \frac{1-\delta}{2Lf_S} \tag{4-8}$$

令 L_C 为临界电感值，且为

$$L_C = \frac{1-\delta}{2f_S}R_L \tag{4-9}$$

（2）电感电流断续模式时的数量关系

输出电压 U_O 与输入电压 U_S 之比可以表示为

$$\frac{U_O}{U_S} = \frac{t_{on}}{t_{on} + t_{off}} = \frac{t_{on}/T}{t_{on}/T + t_{off}/T} = \frac{\delta}{\delta + \delta'} \tag{4-10}$$

电感电流连续时，$\delta + \delta' = 1$；电感电流连续时，$\delta + \delta' < 1$。变换器输出电流等于电流平均值 I_L 且为

$$I_L = \frac{1}{T}Q = \frac{1}{T} \times \frac{1}{2}\Delta i_L(t_{on} + t'_{off}) = \frac{\delta^2}{2f_SL}\left(\frac{U_O}{U_S} - 1\right)U_S \tag{4-11}$$

表达式(4-11) 表明，电感电流断续时，比值 U_O/U_S 不仅与占空比 δ 有关，且与负载电流有关。电感电流 i_L 的临界连续状态：

变换电路工作在临界连续状态时，即有 $I_C = 0$，由

$$I_C = I_O - I_L = I_O - \frac{\delta^2}{2f_SL}\left(\frac{U_S}{U_O} - 1\right)U_S = 0 \tag{4-12}$$

可得维持电流临界连续的电感值 L_C 为

$$L_C = = \frac{U_S \delta}{2I_{OB}f_S}(1 - \delta) \tag{4-13}$$

即电感电流临界连续时的负载电流平均值 I_{OB} 为

$$I_{OB} = \frac{U_S \delta}{2L_C f_S}(1 - \delta) \tag{4-14}$$

总结：临界负载电流 I_{OB} 与输入电压 U_S、电感 L、开关频率 f_S 以及开关管 S 的占空比 δ 都有关。

当实际负载电流 $I_O > I_{OB}$ 时，电感电流连续；

当实际负载电流 $I_O = I_{OB}$ 时，电感电流处于连续（有断流临界点）；

当实际负载电流 $I_O < I_{OB}$ 时，电感电流断流。

4.2.2.2 BUCK 设计步骤

（1）选择续流二极管 VD。续流二极管选用快恢复二极管，其额定工作电流和反向耐压必须满足电路要求，并留一定的余量。

（2）选择开关管工作频率。最好选用工作频率数十千赫（如 20kHz），以避开音频噪声。工作频率提高可以减小 L、C，但开关损耗增大，因此效率减小。

（3）开关管 S 可选方案：MOSFET、IGBT。

（4）占空比 δ 选择。为保证当输入电压发生波动时，输出电压能够稳定，占空比一般选 0.7 左右。

（5）确定临界电感。$L_C = \frac{1 - \delta}{2f_S}R_L$，在条件许可时，电感选取一般为临界电感的 10 倍为宜。

（6）确定滤波电容 C。电容耐压必须超过额定电压；电容必须能够传送所需的电流有效值。

电容电流有效值计算：由于电流波形为三角形，三角形高为 $\Delta i_L/2$，底宽为 $T/2$，因此电容电流有效值 I_{Crms} 为

$$I_{Crms} = \Delta i_L/2\sqrt{3} \tag{4-15}$$

根据纹波要求，按式(4-3) 确定电容容量。

（7）确定连接导线。确定导线必须计算电流有效值（RMS），电感电流有效值 I_{Lrms} 为

$$I_{Lrms} = \sqrt{I_L^2 + \left[\frac{\Delta i_L/2}{\sqrt{3}}\right]^2} \tag{4-16}$$

现将 BUCK 电源的典型应用，绘制于图 4-4 中。

4.2.2.3 BUCK 设计示例

例 4-1：设计基于 PWM 控制的 BUCK 变换器，指标参数如下：

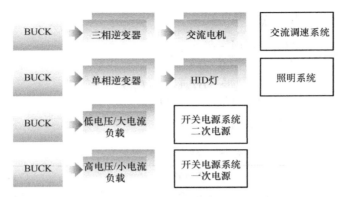

图 4-4　BUCK 电源的典型应用

（1）输入电压：$9 \sim 12\text{V}$；

（2）输出电压：5V，纹波 $< 1\%$；

（3）输出功率：10W；

（4）开关频率：40kHz；

（5）具有过电流、短路保护和过电压保护功能，并设计报警电路；

（6）具有软启动功能。

现将关键性数量关系计算表达式汇集如下：

临界电流：
$$I_{\text{OB}} = \frac{P}{U_{\text{O}}} = \frac{10}{5}\text{A} = 2\text{A}$$

负载电阻：
$$R_{\text{L}} = \frac{U_{\text{O}}}{I_{\text{OB}}} = \frac{5}{2}\Omega = 2.5\Omega$$

开关周期：
$$T_{\text{S}} = \frac{1}{f_{\text{S}}} = \frac{1}{40}\text{ms} = 0.025\text{ms}$$

占空比范围：
$$\delta = \frac{U_{\text{O}}}{U_{\text{S}}} = 0.417 \sim 0.556$$

临界电感范围：
$$L_{\text{C}} = \frac{T_{\text{S}}U_{\text{O}}}{2I_{\text{OB}}}(1 - \delta) \approx 18.23 \sim 60\mu\text{H}$$

滤波电容范围：
$$C = \frac{T_{\text{S}}^2(1 - \delta)}{8L_{\text{C}}\dfrac{\Delta U_{\text{O}}}{U_{\text{O}}}} \approx \frac{4.55 \times 10^{-9}}{L_{\text{C}}} \approx 76 \sim 220\mu\text{F}$$

例 4-2： 设计 BUCK 变换器，输入电压为 20V，输出电压 5V，要求纹波电压为输出电压的 0.5%，负载电阻 10Ω，求工作频率分别为 10kHz 和 50kHz 时所需的电感、电容。比较说明不同开关频率下的无源器件的选择方法。

现将 BUCK 电源的关键性数量表达式罗列如下：

（1）占空比：$D = \dfrac{U_{\text{O}}}{U_{\text{S}}} = 0.25$

（2）负载电流：$I_O = \dfrac{U_O}{R} = 0.5A$

（3）纹波电压：$\dfrac{\Delta U_O}{U_O} = \dfrac{T_S^2(1-\delta)}{8LC} = 5\%$

（4）电流连续条件：$I_{LB} = I_{OB} = \dfrac{DT_S(U_d - U_O)}{2L}$

现将计算结果小结于表 4-1 中。

表 4-1　例 4-2 的计算结果

f_S/kHz	L/mH	$C/\mu\text{F}$
10	0.375	500
50	0.075	100

4.2.2.4　BUCK 之开环建模示例分析

建立 MATLAB/Simulink 仿真模型，设定电源电压 U_S 为 $200\sim300\text{V}$，额定负载电流为 55A，最小负载电流为 5.5A，开关频率为 16kHz。要求输出电压 U_O 为 100V，纹波小于 1%。已知：电感 L 为 1.5mH，电容 C 为 470μF，负载为纯电阻，阻值为 20Ω。

图 4-5 所示为 BUCK 电路的原理示意图。

需要获取：①输入为 200V 时开环输出电压、电流波形；②输入为 300V 时开环输出电压、电流波形。

图 4-6 所示为 BUCK 的开环电路仿真模型。

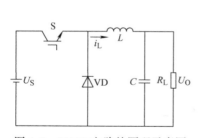

图 4-5　BUCK 电路的原理示意图

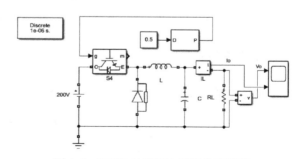

图 4-6　BUCK 的开环电路的仿真模型

现将建模过程简述如下：

（1）直流电压源模块的调取，选择 Simscape/Electrical/Specialized Power Systems/Fundamental Blocks/Electrical Source 模块库，选择 DC Voltage Source 模块，其参数设置如图 4-7 所示。

（2）IGBT 模块的调取，选择 Simscape/Electrical/Specialized Power Systems/

Fundamental Blocks/Power Electronics 模块库，选择 IGBT/Diode 模块，其参数设置如图 4-8 所示。

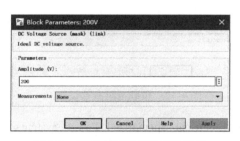

图 4-7　直流电压源模块参数设置

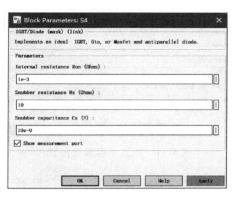

图 4-8　IGBT/Diode 模块的参数设置

（3）Diode 模块的调取，选择 Simscape/Electrical/Specialized Power Systems/Fundamental Blocks/Power Electronics 模块库，选择 Diode 模块，其参数设置如图 4-9 所示。

（4）电阻电感电容模块的调取，选择 Simscape/Electrical/Specialized Power Systems/Fundamental Blocks/Elements 模块库，选择 Series RLC Branch 模块，当输入为 200V 时，滤波电感电容和负载电阻模块的参数设置如图 4-10、图 4-11 和图 4-12 所示，当输入为 300V 时，滤波电感参数设置如图 4-13 所示。

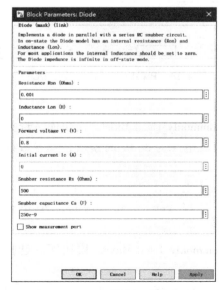

图 4-9　Diode 模块的参数设置

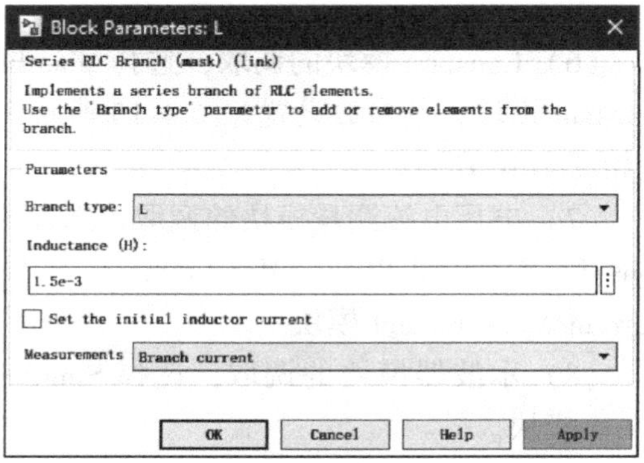

图 4-10　滤波电感参数设置

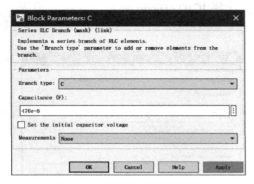

图 4-11　滤波电容参数设置

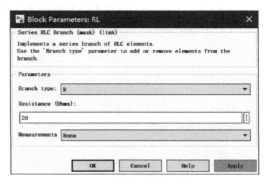

图 4-12　负载电阻参数设置

（5）PWM 信号发生器，选择 Simscape/Electrical/Specialized Power Systems/Control & Measurements/Pulse & Signal Generators 模块库，选择 PWM Generator（DC/DC）模块，其参数设置如图 4-14 所示。

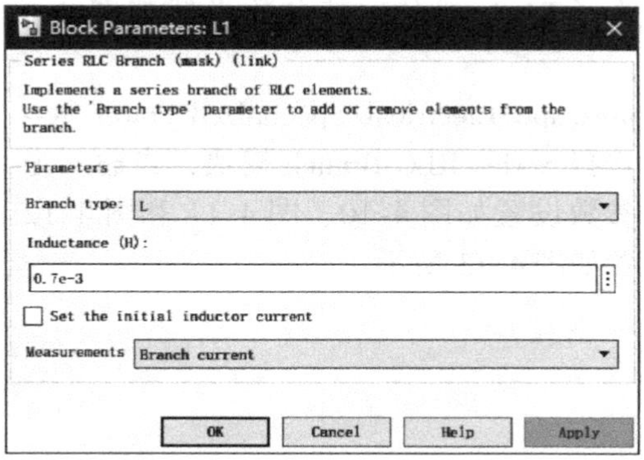

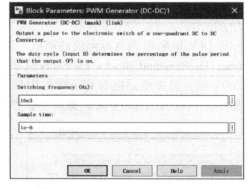

图 4-13　输入为 300V 时，滤波
电感参数设置

图 4-14　PWM Generator（DC/DC）
模块的参数设置

（6）Constant 模块的调取，选择 Simulink/Commonly Used Blocks 模块库，选择 Constant 模块，其参数设置如图 4-15 所示，当直流电压为 300V 时模块，其参数设置如图 4-16 所示。

（7）电压电流测量模块的调取，选择 Simscape/Electrical/Specialized Power Systems/Fundamental Blocks/Measurements 模块库，选择 Voltage Measurement 模块和 Current Measurement 模块。

（8）示波器模块的调取，选择 Simulink/Commonly Used Blocks 模块库，选择 Scope 模块。

（9）Ground 模块的调取，选择 Simscape/Electrical/Specialized Power Systems/Fundamental Blocks/Elements 模块库，选择 Ground 模块。

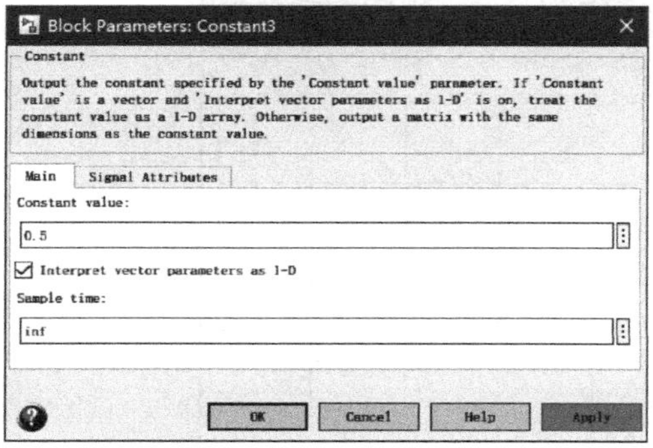

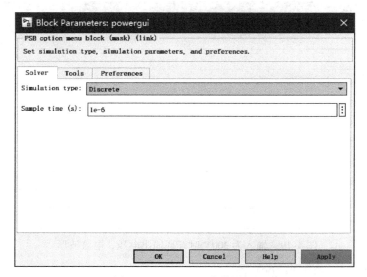

图 4-15　输入 200V 时占空比 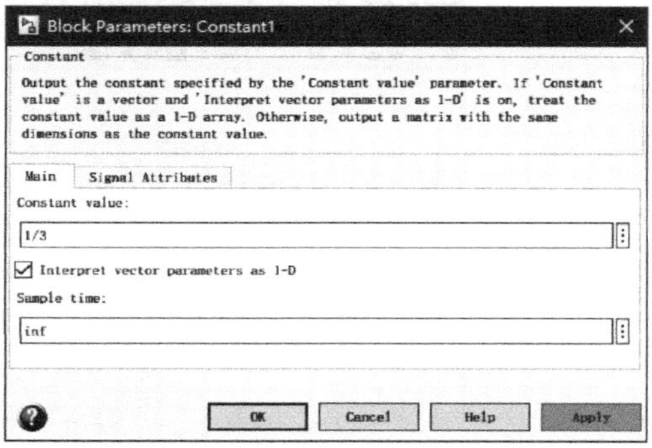　　　　　　　图 4-16　输入 300V 时占空比

（10）powergui 模块的调取，选择 Simscape/Electrical/Specialized Power Systems/Fundamental Blocks 模块库，选择 powergui 模块，其参数设置如图 4-17 所示。

图 4-17　powergui 参数设置

图 4-18 表示输入为 200V 时开环输出电压、电流波形；图 4-19 表示输入为 300V 时开环输出电压、电流波形。

4.2.2.5　BUCK 之闭环 + PID 仿真模型

图 4-20 表示 BUCK 变换电路功率闭环控制原理框图，K_P 为 0.1，K_I 为 20，加入电压闭环控制的 PI 调节模型。建立 MATLAB/Simulink 仿真模型，设定电源电压 U_S 为 200 ~ 300V，额定负载电流为 55A，最小负载电流为 5.5A，开关频率为 16kHz。要求输出电压 U_O 为 100V，纹波小于 1%。已知：电感 L 为 1.5mH，电容 C 为 470μF，负载为纯电阻，阻值为 20Ω。

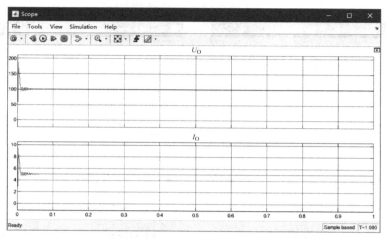

图 4-18 输入为 200V 时开环输出电压、电流波形

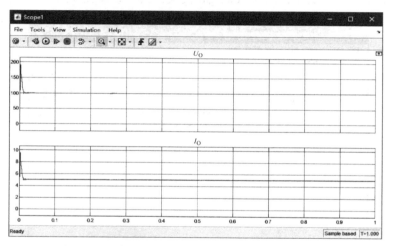

图 4-19 输入为 300V 时开环输出电压、电流波形

需要获取：①输入为 200V 时开环输出电压、电流波形；②输入为 300V 时开环输出电压、电流波形。

图 4-21 表示加入 PI 的 BUCK 的闭环仿真模型图。

现将建模过程简述如下：

（1）直流电压源模块的调取，选 择 Simscape/Electrical/Special-

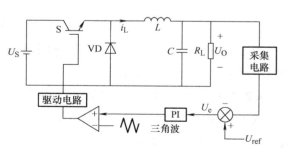

图 4-20 BUCK 变换电路功率闭环控制原理框图

ized Power Systems/Fundamental Blocks/Electrical Source 模块库，选择 DC Voltage

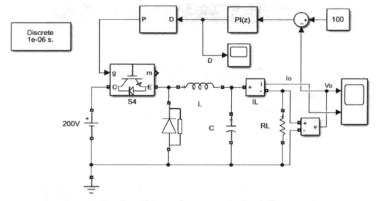

图 4-21　加入 PI 的 BUCK 的闭环仿真模型图

Source 模块，其参数设置如图 4-22 所示。

（2）IGBT 模块的调取，选择 Simscape/Electrical/Specialized Power Systems/Fundamental Blocks/Power Electronics 模块库，选择 IGBT/Diode 模块，其参数设置如图 4-23 所示。

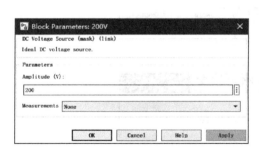

图 4-22　直流电压源模块参数设置

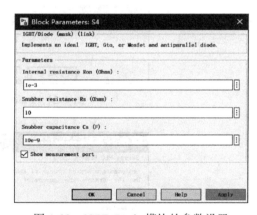

图 4-23　IGBT/Diode 模块的参数设置

（3）Diode 模块的调取，选择 Simscape/Electrical/Specialized Power Systems/Fundamental Blocks/Power Electronics 模块库，选择 Diode 模块，其参数设置如图 4-24 所示。

（4）电阻电感电容模块的调取，选择 Simscape/Electrical/Specialized Power Systems/Fundamental Blocks/Elements 模块库，选择 Series RLC Branch 模块，滤波电感电容和负载电阻模块的参数设置如图 4-25、图 4-26 和图 4-27 所示。

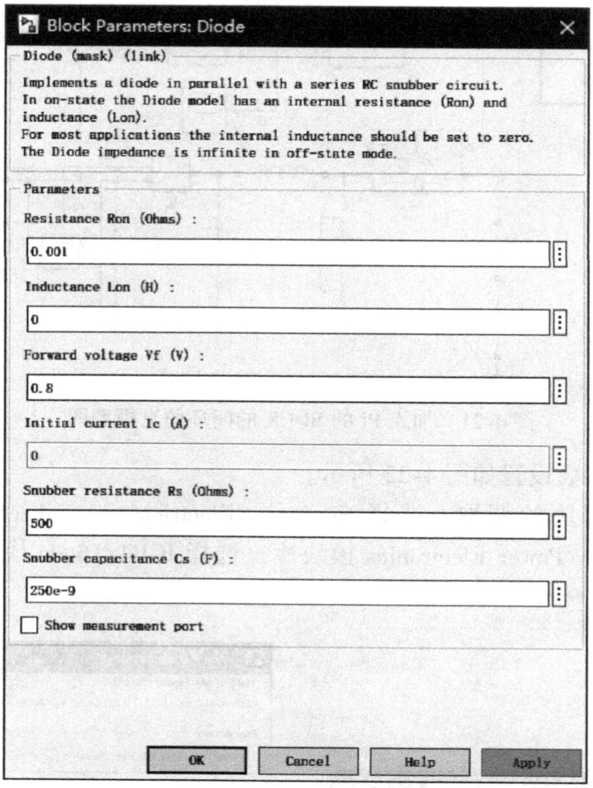

图4-24　Diode 模块的参数设置

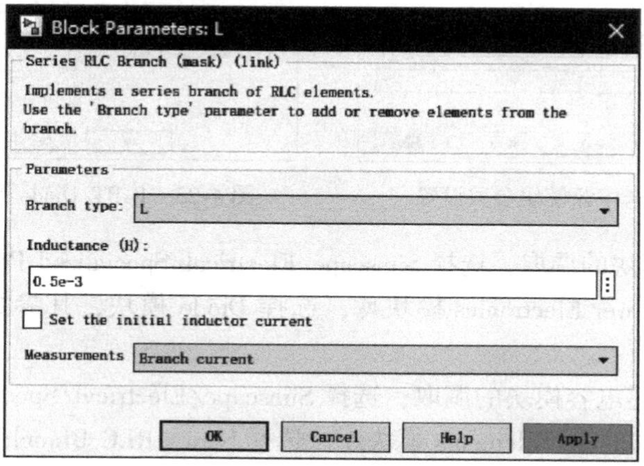

图4-25　滤波电感参数设置

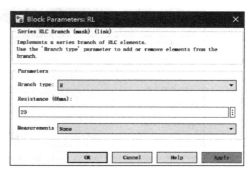

图 4-26　滤波电容参数设置　　　　　图 4-27　负载电阻参数设置

（5）Constant 模块的调取，选择 Simulink/Commonly Used Blocks 模块库，选择 Constant 模块，其参数设置如图 4-28 所示。

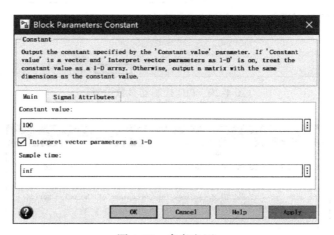

图 4-28　参考电压

（6）PID 控制器模块的调取，选择 Simulink/Continuous 模块库，选择 PID Controller 模块，其参数设置如图 4-29 所示。

（7）PWM 信号发生器，选择 Simscape/Electrical/Specialized Power Systems/Control & Measurements/Pulse & Signal Generators 模块库，选择 PWM Generator（DC/DC）模块，其参数设置如图 4-30 所示。

（8）Sum 模块的调取，选择 Simulink/Math Operations 模块库，选择 Sum 模块。

（9）电压电流测量模块的调取，选择 Simscape/Electrical/Specialized Power Systems/Fundamental Blocks/Measurements 模块库，选择 Voltage Measurement 模块和 Current Measurement 模块。

（10）示波器模块的调取，选择 Simulink/Commonly Used Blocks 模块库，选择 Scope 模块。

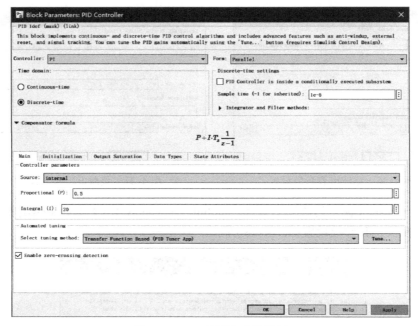

图 4-29　PID 控制器参数设置

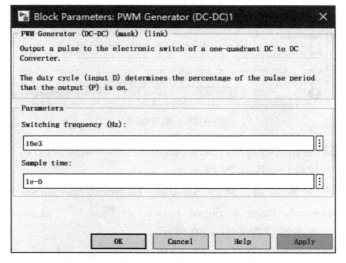

图 4-30　PWM Generator（DC/DC）模块的参数设置

（11）Ground 模块的调取，选择 Simscape/Electrical/Specialized Power Systems/Fundamental Blocks/Elements 模块库，选择 Ground 模块。

（12）powergui 模块的调取，选择 Simscape/Electrical/Specialized Power Systems/Fundamental Blocks 模块库，选择 powergui 模块，其参数设置如图 4-31 所示。

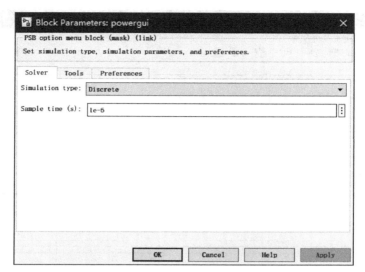

图 4-31　powergui 参数设置

图 4-32 表示输入为 200V 时闭环输出电压、电流波形；图 4-33 表示输入为 300V 时闭环输出电压、电流波形。

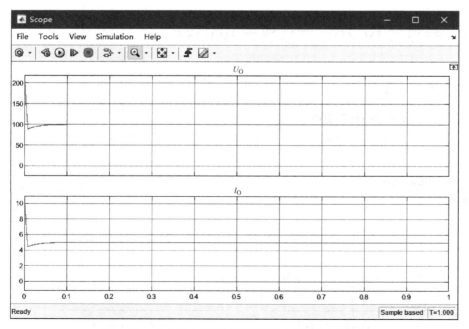

图 4-32　输入为 200V 时闭环输出电压、电流波形

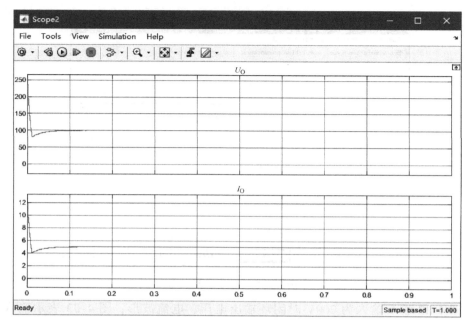

图 4-33 输入为 300V 时闭环输出电压、电流波形

4.3 非隔离 DC/DC 变换器之 BOOST

4.3.1 典型数量关系

图 4-34 表示 BOOST 变换器电路拓扑。图 4-35 表示 BOOST 变换器 S 开断电流通路。

假设负载电流平均值为 I_O，得到如下表达式：

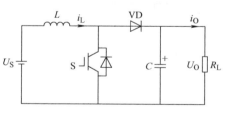

图 4-34 BOOST 变换器的电路拓扑

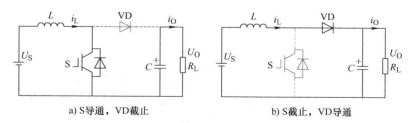

a) S导通，VD截止   b) S截止，VD导通

图 4-35 BOOST 变换器 S 开断电流通路

S 导通、VD 截止时的关系式：   S 截止、VD 导通时的关系式：

$$T_{on} = \delta T_S \qquad\qquad T_{off} = (1 - \delta) T_S$$

$$L di_L / dt = U_S \qquad\qquad L di_L / dt = U_S - U_O$$

$$\Delta i_{L+} = \frac{U_S}{L} \delta T_S = \Delta i_{L-} = \frac{U_O - U_S}{L}(1 - \delta) T_S \qquad (4-17)$$

由于

$$\Delta i_{L+} = \frac{U_S}{L} \delta T_S = \Delta i_{L-} = \frac{U_O - U_S}{L}(1 - \delta) T_S \qquad (4-18)$$

推导可得输出电压的表达式为

$$U_O = \frac{U_S}{1 - \delta} \qquad (4-19)$$

由于通过开关管 S 和二极管 VD 的电流最大值与电感电流的最大值相等，即

$$I_{Tmax} = I_{VDmax} = I_{Lmax} = I_L + \frac{\Delta i_L}{2} = \frac{U_S}{(1 - \delta)^2 R_L} + \frac{U_S \delta}{2 L f_S} \qquad (4-20)$$

那么，可得理想 BOOST 变换器输出电压纹波的表达式为

$$\Delta U_O = U_{Omax} - U_{Omin} = \frac{\Delta Q}{C} = \frac{1}{C} I_O T_{on} = \frac{1}{C} I_O \delta T_S = \frac{\delta}{C f_S} I_O \qquad (4-21)$$

开关管 S 和二极管 VD 所承受的最大电压理想情况下均与输出电压相等。

电感电流最小值的表达式为

$$I_{Lmin} = I_L - \frac{\Delta i_L}{2} = \frac{U_S}{(1 - \delta)^2 R_L} - \frac{U_S \delta}{2 L f_S} \qquad (4-22)$$

稳态运行时，开关管 S 导通期间，电源输入到电感中的磁能，在 S 截止期间全部通过二极管 VD 转移到输出端，如果负载电流很小，就会出现电流断流工况。当电感电流的最小值为 0 时，即

$$I_{Lmin} = I_L - \frac{\Delta i_L}{2} = \frac{U_S}{(1 - \delta)^2 R_L} - \frac{U_S \delta}{2 L f_S} = 0 \qquad (4-23)$$

令负载电流临界值 I_{OB}，且为

$$I_{OB} = \frac{U_O \delta}{2 L f_S}(1 - \delta)^2 \qquad (4-24)$$

讨论：

1）当负载电流 $I_O > I_{OB}$，电感电流连续；

2）当负载电流 $I_O = I_{OB}$，电感电流处于连续与断流的边界。

因此临界电感 L_C 的表达式为

$$L_C = \frac{\delta (1 - \delta)^2 R_L}{2 f_S} \qquad (4-25)$$

如果变换器的负载电阻变得很大，负载电流太小，这时如果占空比仍不减小，

由于电源输入到电感的磁能不变，必使输出电压不断增加。因此没有电压闭环调节的 BOOST 变换器不宜在输出端开路情况下工作，一般使用 PWM 控制，不能空载运行，占空比不能接近 1，输入电流脉动较小，运行中对电源的扰动小。BOOST 变换器的优点是：升压变换器、不要隔离驱动和输入电流连续（这减轻了对电源的电磁干扰）。BOOST 变换器的缺点是：开环工作时禁止开路、无法实现过电流保护和输出侧二极管电流断续，因此，在实际应用中，在二极管与输出之间常加入一个输出滤波网络。

4.3.2 BOOST 设计示例

器件选型工作条件：

首先考虑电感磁芯的最"恶劣"工作条件，确保电感电流不至于饱和。

BOOST 电路电感电流连续，电感峰值电流的表达式为

$$I_{\text{L\_pk}} = \frac{I_{\text{O}}}{1-\delta}\left(1 + \frac{r}{2}\right) \tag{4-26}$$

式中 r——电流纹波率（系数），视需求情况而定，一般取 $0.1 \sim 0.2$ 不等。

且 r 可以表示为

$$r = \frac{\Delta i}{I_{\text{L}}} \tag{4-27}$$

电流纹波 Δi 随着占空比 δ（输入电压）而变化，即

$$\Delta i = \frac{U_{\text{S}} - U_{\text{sw}}}{L}T_{\text{on}} \approx \frac{U_{\text{S}}}{L}T_{\text{on}} = \frac{U_{\text{O}}T(\delta - \delta^2)}{L} \tag{4-28}$$

当 $\delta < 0.5$ 时，Δi 随 δ 增大（输入电压降低）而增大；

当 $\delta > 0.5$ 时，Δi 随 δ 增大（输入电压降低）而减小。

电感峰值电流 $I_{\text{L\_pk}}$ 在最小输入电压 $U_{\text{s\_MIN}}$（δ_{MAX}）下最大，在此条件下设计 BOOST 电路。

1. 电感选型

负载电流 I_{O} 与平均电感电流 I_{L} 的关系表达式为

$$\begin{cases} I_{\text{O}} = I_{\text{L}}(1-\delta) \\ I_{\text{L}} = I_{\text{O}}/(1-\delta) \end{cases} \tag{4-29}$$

电感电流峰值的表达式为

$$I_{\text{L\_PK}} = I_{\text{O}} + \Delta i/2 \tag{4-30}$$

电感电流选择一般大于 $I_{\text{L\_PK}}$ 的 1.2 倍，可以有效防止电感饱和。

2. 二极管选型

二极管类型：选择肖特基二极管。

二极管电压：在 T_{on} 阶段，二极管承受最大反向电压，其值为 U_{O}。二极管耐压值至少选择 U_{O} 的 1.2 倍。如果二极管两端有尖峰，需要根据实际情况进行调整。

二极管电流：二极管的平均电流 $I_{VD\_AVG} = I_O$，二极管额定电流至少选择 I_O 的 2 倍以上，电流较大的需要注意散热处理，可以选择较大的封装，以获得较低的"温度 – 环境"热阻 θ_{JA}。

3. 开关管选型

开关管耐压：开关管承受的最大电压为 $U_O + U_{VD}$，如果忽略 U_{VD}，即为 U_O。耐压值至少选择 U_O 的 2 ~ 3 倍，如果开关管的漏极 D、源极 S 两端有尖峰，需要根据实际情况进行调整。

开关管电流：开关管通过的电流有效值的表达式为

$$I_{RMS} = I_L \sqrt{\delta\left(1 + \frac{r^2}{12}\right)} \tag{4-31}$$

开关管的电流至少选择 I_{max} 的 2 倍以上，电流较大的需要注意散热处理，可以选择较大的封装，以获得较低的"温度 – 环境"热阻 θ_{JA}。

4. 输入电容选型

电容的 ESR：在最低输入电压，输出由空载跳变为满载时计算，即

$$ESR = \frac{(1 - \delta)\Delta U_S}{2I_O} \tag{4-32}$$

式中　ΔU_S——输出电压纹波，一般取输入电压 $\pm 5\%$ 以内。

电容取值依据为

$$C_{in} = \frac{2L_S U_O I_O}{U_S^2 R_S} \tag{4-33}$$

式中　L_S——输入电源的感抗；

　　　R_S——输入电源的阻抗。

电容电流有效值的表达式为

$$I_{CIN\_rms} = 0.29\Delta i_O \tag{4-34}$$

5. 输出电容选型

输出电容电压：输出电容电压选择输出额定电压的 1.2 ~ 1.5 倍。

输出电容流过的电流峰-峰值为 I_{L_PK}。由输出滤波电容 ESR 引起的纹波为

$$\Delta U_1 = I_{L\_PK} \times ESR \tag{4-35}$$

在 T_{on} 期间，负载电流全部由输出电容提供，由此引起的纹波电流为

$$\Delta U_2 = \frac{I_O \delta}{C_O f_{SW}} \tag{4-36}$$

由电感脉动电流在 ESR 产生：

$$\Delta U_3 = \Delta i \times ESR \tag{4-37}$$

因此，总的脉动电压的表达式为

$$|\Delta U| = \Delta U_1 + \Delta U_2 + \Delta U_3 \tag{4-38}$$

输出电容通过的电流有效值的表达式为

$$I_{\mathrm{CO\_RMS}} = 1.13 I_{\mathrm{L}} \sqrt{\delta(1-\delta)} \qquad (4-39)$$

额定纹波率等于或大于电容电流有效值。输出滤波电容对环路稳定有影响，适当的增大有助于环路稳定。

图 4-36 表示 BOOST 的典型应用。

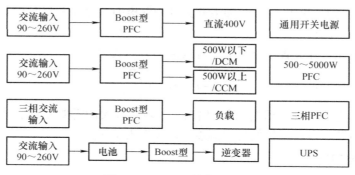

图 4-36　BOOST 的典型应用

4.3.3　BOOST 与 BUCK 的对比

现将 BOOST 与 BUCK 的对比情况小结于表 4-2 中。

表 4-2　**BOOST 与 BUCK 的对比情况**

	BUCK 变换器	BOOST 变换器
电路结构		
电流连续时的电压比	$M = \dfrac{U_{\mathrm{O}}}{U_{\mathrm{S}}} = \delta$	$M = \dfrac{U_{\mathrm{O}}}{U_{\mathrm{S}}} = \dfrac{1}{1-\delta}$ $\delta = \dfrac{M-1}{M}$
临界负载电流	$I_{\mathrm{OB}} = \dfrac{U_{\mathrm{O}}}{2Lf_{\mathrm{S}}}(1-\delta)$ δ 越小，I_{OB} 越大 $I_{\mathrm{OBm}} = \dfrac{U_{\mathrm{O}}}{2Lf_{\mathrm{S}}}$	$I_{\mathrm{OB}} = \dfrac{U_{\mathrm{O}}}{2Lf_{\mathrm{S}}}\delta(1-\delta)^2$ $\delta = 1/3$ 时，$I_{\mathrm{OBm}} = \dfrac{U_{\mathrm{O}}}{\frac{27}{2}Lf_{\mathrm{S}}}$
电流不连续时的电压比	$M = \dfrac{U_{\mathrm{O}}}{U_{\mathrm{S}}} = \dfrac{2}{1 + \sqrt{1 + \dfrac{4}{\delta^2}\dfrac{I_{\mathrm{O}}}{U_{\mathrm{O}}/2Lf_{\mathrm{S}}}}}$ $= \dfrac{\delta^2}{\delta^2 + \dfrac{I_{\mathrm{O}}}{U_{\mathrm{S}}/2Lf_{\mathrm{S}}}}$	$M = \dfrac{1}{2}\left(1 + \sqrt{1 + \dfrac{27\delta^2}{\frac{27}{2}Lf_{\mathrm{S}}}}\right)$ $= 1 + \dfrac{\delta^2}{\dfrac{U_{\mathrm{S}}}{I_{\mathrm{O}}2Lf_{\mathrm{S}}}}$

4.3.4　BOOST 之闭环 + PID 仿真模型

建立 MATLAB/Simulink 仿真模型。设定输入电源电压 U_S 为 10 ～ 14V，输出电压 U_O 被控为恒值 24V，开关频率 f_S 为 18kHz，最大输出电流 I_{omax} 为 50A，最小输出电流 I_{omin} 为 5A，波动电压不大于 0.1V，电感为 600μH，电容为 110μF，负载为纯电阻负载，阻值 R 为 10Ω。搭建闭环仿真模型电路。

需要获取：①输入为 10V 时闭闭环输出电压、电流波形；②输入为 14V 时闭环输出电压、电流波形。

负载为纯电阻负载，阻值 R 为 10Ω，K_P 为 0.05，K_I 为 120。

图 4-37 表示仿真模型。

现将建模过程简述如下：

（1）直流电压源模块的调取，选择 Simscape/Electrical/Specialized Power Systems/Fundamental Blocks/Electrical Source 模块库，选择 DC Voltage Source 模块，其参数设置如图 4-38 所示。

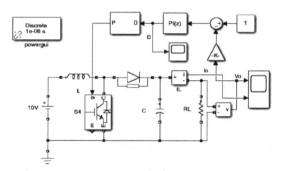

图 4-37　闭环 BOOST 电路仿真模型

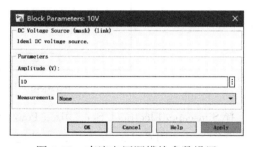

图 4-38　直流电压源模块参数设置

（2）IGBT 模块的调取，选择 Simscape/Electrical/Specialized Power Systems/Fundamental Blocks/Power Electronics 模块库，选择 IGBT/Diode 模块，其参数设置如图 4-39 所示。

（3）Diode 模块的调取，选择 Simscape/Electrical/Specialized Power Systems/Fundamental Blocks/Power Electronics 模块库，选择 Diode 模块，其参数设置如图 4-40 所示。

（4）电阻电感电容模块的调取，选

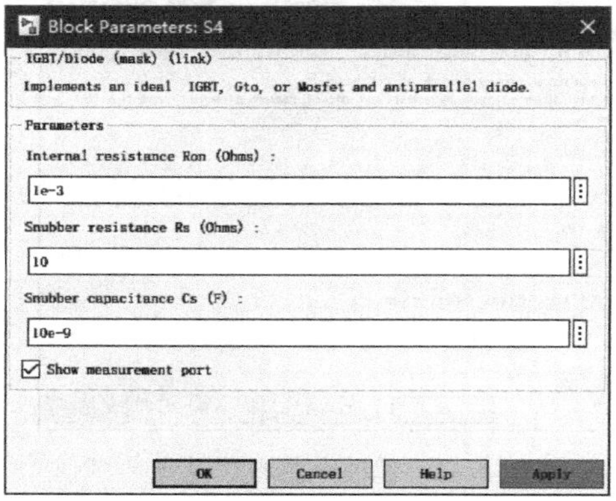

图 4-39　IGBT/Diode 模块的参数设置

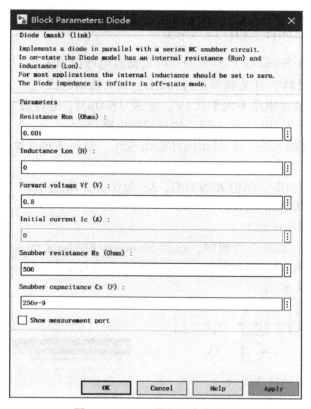

图 4-40 Diode 模块的参数设置

择 Simscape/Electrical/Specialized Power Systems/Fundamental Blocks/Elements 模块库，选择 Series RLC Branch 模块，滤波电感电容和负载电阻模块的参数设置如图 4-41、图 4-42 和图 4-43 所示。

Block Parameters: L ✕
Series RLC Branch (mask) (link)
Implements a series branch of RLC elements. Use the 'Branch type' parameter to add or remove elements from the branch.
Parameters
Branch type: L ▼
Inductance (H):
0.6e-3
☐ Set the initial inductor current
Measurements Branch current ▼
OK Cancel Help Apply

图 4-41 滤波电感参数设置

Block Parameters: C ✕
Series RLC Branch (mask) (link)
Implements a series branch of RLC elements. Use the 'Branch type' parameter to add or remove elements from the branch.
Parameters
Branch type: C ▼
Capacitance (F):
110e-6
☐ Set the initial capacitor voltage
Measurements None ▼
OK Cancel Help Apply

图 4-42 滤波电容参数设置

（5）Constant 模块的调取，选择 Simulink/Commonly Used Blocks 模块库，选择 Constant 模块，其参数设置如图 4-44 所示。

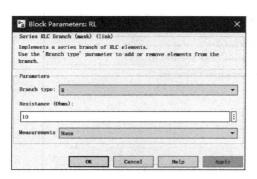
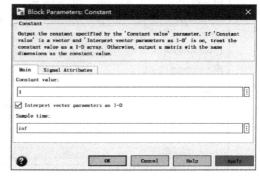

图 4-43　负载电阻参数设置　　　　图 4-44　参考电压的参数设置

（6）Gain 模块的调取，选择 Simulink/Commonly Used Blocks 模块库，选择 Gain 模块，其参数设置如图 4-45 所示。

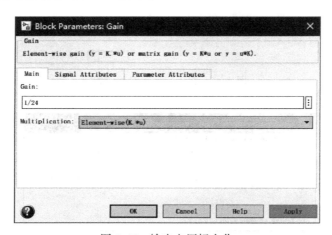

图 4-45　输出电压标幺化

（7）PID 控制器模块的调取，选择 Simulink/Continuous 模块库，选择 PID Controller 模块，其参数设置如图 4-46 所示。

（8）PWM 信号发生器，选择 Simscape/Electrical/Specialized Power Systems/Control & Measurements/Pulse & Signal Generators 模块库，选择 PWM Generator（DC/DC）模块，其参数设置如图 4-47 所示。

（9）Sum 模块的调取，选择 Simulink/Math Operations 模块库，选择 Sum 模块。

（10）电压电流测量模块的调取，选择 Simscape/Electrical/Specialized Power Systems/Fundamental Blocks/Measurements 模块库，选择 Voltage Measurement 模块和 Current Measurement 模块。

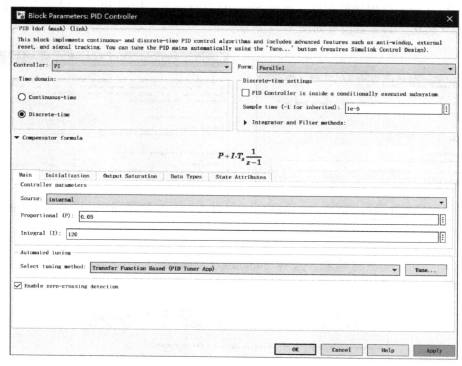

图 4-46 PID 控制器参数设置

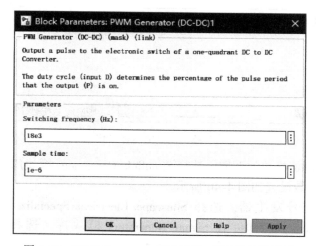

图 4-47 PWM Generator（DC/DC）模块的参数设置

（11）示波器模块的调取，选择 Simulink/Commonly Used Blocks 模块库，选择 Scope 模块。

（12）Ground 模块的调取，选择 Simscape/Electrical/Specialized Power Systems/

Fundamental Blocks/Elements 模块库，选择 Ground 模块。

（13）powergui 模块的调取，选择 Simscape/Electrical/Specialized Power Systems/ Fundamental Blocks 模块库，选择 powergui 模块，其参数设置如图 4-48 所示。

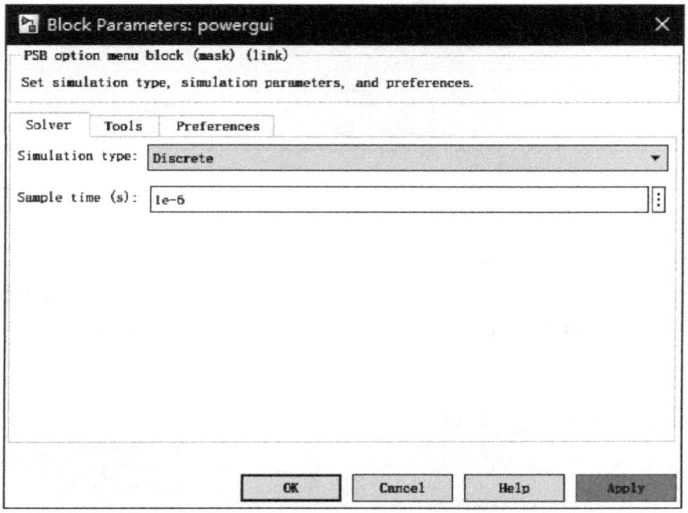

图 4-48　powergui 参数设置

图 4-49 是输入为 10V 时闭环输出电压、电流波形；图 4-50 是输入为 14V 时闭环输出电压、电流波形。

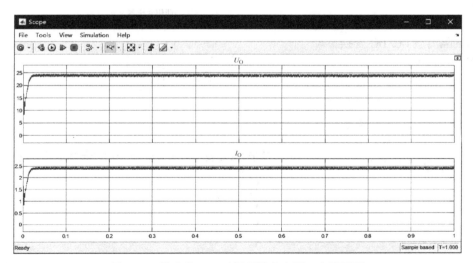

图 4-49　输入为 10V 时闭环输出电压、电流波形

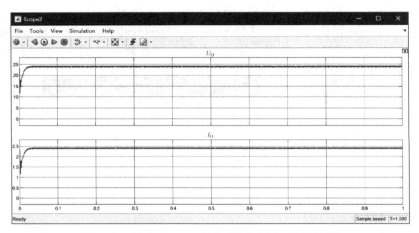

图 4-50 输入为 14V 时闭环输出电压、电流波形

4.4 隔离 DC/DC 变换器

4.4.1 隔离 DC/DC 之变压器

隔离式电源的特点：输入端与输出端电气不相通，通过脉冲变压器的磁偶合方式传递能量，输入输出完全电气隔离。如前所述，隔离式电源主要分为正激式和反激式两种。

图 4-51 表示基于 PWM 技术的隔离型 DC/DC 变换器的等效电路，忽略了铁心的铁耗电阻和绕组电阻。

变压器的相关参数示意于图 4-51 中，因此可得如下重要表达式：

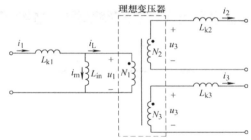

图 4-51 基于 PWM 技术的隔离型 DC/DC 变换器的等效电路

$$u_1 = \frac{N_1}{N_3} u_3 = k_{13} u_3 \qquad (4\text{-}40)$$

$$u_1 = \frac{N_1}{N_2} u_2 = k_{12} u_2 \qquad (4\text{-}41)$$

$$i_1 = i_m + i_L \qquad (4\text{-}42)$$

$$i_L = \frac{1}{k_{12}} i_2 + \frac{1}{k_{13}} i_3 \qquad (4\text{-}43)$$

$$N_1 i_L = N_2 i_2 + N_3 i_3 \qquad (4\text{-}44)$$

其中，一次电压 u_1，绕组 W_1，匝数 N_1；二次电压 u_2，绕组 W_2，匝数 N_2；二次电压 u_3，绕组 W_3，匝数 N_3；k_{13} 为匝数 N_1 与匝数 N_3 之比；k_{12} 为匝数 N_1 与匝数 N_2 之比。

4.4.2　正激变换电源

4.4.2.1　典型拓扑

图 4-52 所示为正激变换器（忽略漏感）的等效电路。

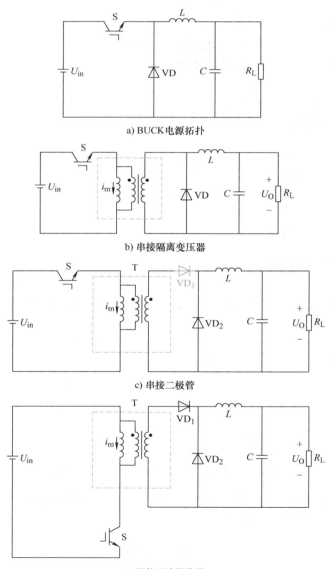

a) BUCK电源拓扑

b) 串接隔离变压器

c) 串接二极管

d) 调整开关管位置

图 4-52　正激变换器（忽略漏感）的等效电路

小结：

（1）根据变压器的磁心磁复位方法的不同，正激电源电路包含多种不同的拓扑结构。其中，在电路输入端接复位绕组是最基本的磁心磁复位方法。

（2）隔离变压器为高频变压器，有三个绕组，标有"·"的一端为同名端。

（3）开关S采用PWM控制方式、VD_1是输出整流二极管、VD_2是续流二极管、L 和 C 是输出滤波电感和滤波电容。

4.4.2.2 电流连续工作数量关系

正激电源电路存在电流连续和电流断续两种工作模式。本书以电流连续为例进行讲述。图4-53表示正激变换器原理图。

1）一次绕组 W_1，匝数 N_1；

2）二次绕组 W_2，匝数 N_2；

3）复位绕组 W_3，匝数 N_3。

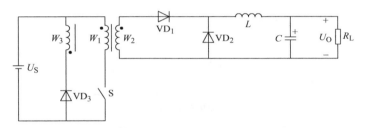

图4-53 正激变换器原理图

图4-54所示为正激变换器在开关管S导通时的等效电路原理图。

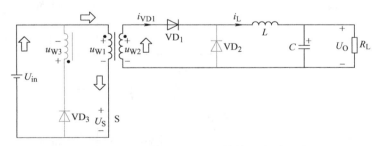

图4-54 开关管S导通时的等效电路原理图

图4-55所示为正激变换器在开关管S关断时的等效电路原理图

开关管S承受的最大电压为

$$u_S = U_{in} + \frac{N_1}{N_2}U_O \tag{4-45}$$

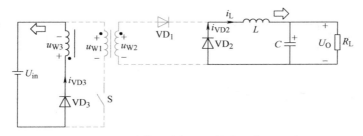

图 4-55　开关管 S 关断时的等效电路原理图

（1）$t_0 \sim t_1$ 时段（S 导通状态）

开通状态如图 4-54 所示，其中：

$$\begin{cases} u_{W1} = N_1 \dfrac{\mathrm{d}\phi}{\mathrm{d}t} = U_{in} \\[2mm] u_{W2} = \dfrac{N_2}{N_1}U_{in}, \ u_{W2} = N_2 \dfrac{\mathrm{d}\phi}{\mathrm{d}t} \\[2mm] u_{W3} = \dfrac{N_3}{N_1}U_{in}, \ u_{W3} = N_3 \dfrac{\mathrm{d}\phi}{\mathrm{d}t} \end{cases} \tag{4-46}$$

电感电流逐渐增长，增加量

$$\Delta i_{L+} = \frac{u_{W2} - U_O}{L}t_{on} = \frac{u_{W2} - U_O}{L}\delta T \tag{4-47}$$

图 4-56 表示正激电源电路开通状态时，主要电压、电流工作波形示意图。

（2）$t_1 \sim t_2$ 时段（S 关断状态）

关断状态如图 4-55 所示，其中

$$\begin{cases} u_{W1} = -\dfrac{N_1}{N_3}U_{in} \\[2mm] u_{W2} = -\dfrac{N_2}{N_1}U_{in} \\[2mm] u_{W3} = -N_3 \dfrac{\mathrm{d}\phi}{\mathrm{d}t} = -U_{in} \end{cases} \tag{4-48}$$

电感电流逐渐减少，减少量为

$$\Delta i_{L-} = \frac{U_O}{L}t_{off} = \frac{U_O}{L}(1-\delta)T \tag{4-49}$$

图 4-57 所示为正激电源电路断开状态时，主要电压、电流工作波形示意图。

开关管 S 承受的最大电压为

$$u_S = U_{in} + \frac{N_1}{N_2}U_O \tag{4-50}$$

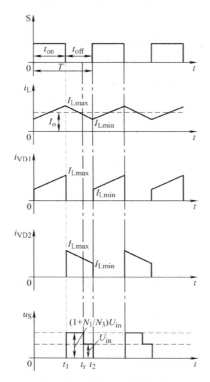
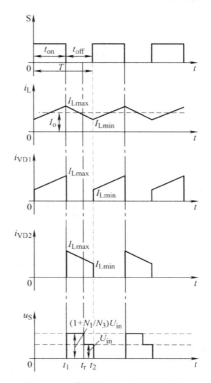

图 4-56 开通状态时主要
电压、电流工作波形示意图

图 4-57 断开状态时主要电压、
电流工作波形示意图

（3）磁复位分析

必要性分析：

a）开关管 S 开通后，励磁电流 i_m 由 0 开始，线性增长，直到开关管 S 关断。

b）开关管 S 关断后到再一次开通的时间内，必须设法使 i_m 降回到零。

c）否则下一个开关周期中，i_m 将在剩余值基础上继续增加，依次累积，变得越来越大，从而导致变压器的励磁电感饱和。

d）励磁电感饱和后，i_m 会更加迅速地增长，最终损坏电路中的开关器件。因此，在开关管 S 关断后，使 i_m 降回到零的过程称为变压器的磁复位。

开关管 S 承受的最大电压为

$$u_S = U_{in} + \frac{N_1}{N_2}U_O \tag{4-51}$$

磁复位时间（$t_1 \sim t_r$）分析：

变压器在 $t_0 \sim t_1$ 时段磁通的增加量等于在 $t_1 \sim t_r$ 时段磁通的减小量

$$\frac{N_1}{N_3}U_{in}(t_r - t_1) = U_{in}(t_1 - t_0) \tag{4-52}$$

推出

$$t_{rst} = t_r - t_1 = \frac{N_3}{N_1}(t_1 - t_0) = \frac{N_3}{N_1}t_{on} \qquad (4\text{-}53)$$

故而，若想可靠磁复位，则必须满足管子关断时间 t_{off} 大于磁复位时间 t_{rst}，即则有

$$t_{off} > t_{rst} \qquad (4\text{-}54)$$

图 4-58 表示正激电源电路磁复位状态时，主要电压、电流工作波形示意图。

（4）输入输出电压分析

第一种方法：

$$U_O = \frac{1}{T}\int_0^T u_{VD2}\,dt = \frac{1}{T}\int_0^{t_{on}}\frac{N_2}{N_1}U_{in}\,dt$$

$$= \frac{N_2}{N_1}\frac{t_{on}}{T}U_{in} = \frac{N_2}{N_1}\delta U_{in} \qquad (4\text{-}55)$$

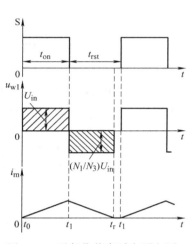

图 4-58　磁复位状态时主要电压、电流工作波形示意图

第二种方法：

根据

$$\Delta i_{L+} = \frac{u_{w2} - U_o}{L}\delta T = \Delta i_{L-} = \frac{U_O}{L}(1-\delta)T$$

$$(4\text{-}56)$$

可得

$$U_O = Du_{w2} = \frac{N_2}{N_1}\delta U_{in} \qquad (4\text{-}57)$$

表达式(4-57) 即为正激电源的电路的通式。对比降压电路（BUCK 电源电路）的通式：

$$U_O = \delta U_{in} \qquad (4\text{-}58)$$

$$\begin{cases} U_O = \dfrac{N_2}{N_1}\delta U_{in} & \text{正激电源通式} \\[2mm] U_O = \delta U_{in} & \text{BUCK 电源通式} \end{cases} \qquad (4\text{-}59)$$

分析表达式(4-59) 可知，正激电源电路就是一个插入隔离变压器的 BUCK 电源电路，真正的输入电压为隔离变压器的二次电压。由于在开关导通时电源能量直接传至负载，因此，称为正激电源电路。

（5）双管复位电源电路拓扑

图 4-59 表示双管复位电源电路拓扑。

当开关管 S_1 和 S_2 同时开关时，开关管的最大电压的表达式为

$$U_{Smax} = U_{in} + \frac{N_1}{N_2}U_O \qquad (4\text{-}60)$$

分析图 4-59 可知，无需磁复位绕组，实现给电源馈能；效率较高，适合功率

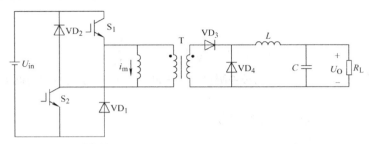

图 4-59 双管复位电源电路拓扑

较大的场合。

（6）带有 RCD 吸收的复位电源电路拓扑

图 4-60 表示带 RCD 吸收的复位电源电路拓扑。

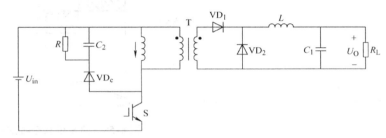

图 4-60 带 RCD 吸收的复位电源电路拓扑

图 4-61 表示带 TVS 吸收的复位电源电路拓扑，图中 VD_Z 为瞬态电压抑制器（TVS）。

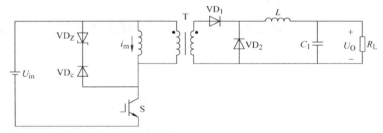

图 4-61 带 TVS 吸收的复位电源电路拓扑

开关管 S 承受的最大电压

$$U_{Smax} = U_{in} + \frac{N_1}{N_2}U_O \tag{4-61}$$

4.4.3 反激变换电路

4.4.3.1 典型拓扑

图 4-62 表示反激变换器（忽略漏感）的等效电路。二次侧元器件数量少（只要 1只 VD 和 1 个电容器 C，没有电抗器 L），减小了体积，多路输出时可大大降低成本。

多路输出的辅助电源基本都采用反激变换器拓扑。根据变压器二次绕组的电流，反激电源电路存在电流连续和电流断续两种工作模式。本书以电流连续为例进行讲述。

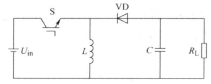

a) BUCK–BOOST电源拓扑

4.4.3.2　电流连续工作数量关系

图 4-63 表示反激变换器在开关管 S 导通时的等效电路原理图。

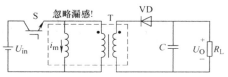

b) 串接隔离变压器

（1）$t_0 \sim t_1$ 时段（S 导通状态）

$$u_{w1} = N_1 \frac{\mathrm{d}\Phi}{\mathrm{d}t} = U_{in} \qquad (4\text{-}62)$$

$$u_{w2} = \frac{N_2}{N_1} U_{in} \qquad (4\text{-}63)$$

$$u_{w2} = N_2 \frac{\mathrm{d}\Phi}{\mathrm{d}t} \qquad (4\text{-}64)$$

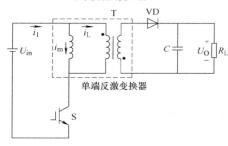

单端反激变换器

线圈电流逐渐增长，增加量（储能阶段）为

$$\Delta i_{L+} = \frac{U_{in}}{L} t_{on} = \frac{U_{in}}{L} \delta T \qquad (4\text{-}65)$$

（2）$t_1 \sim t_2$，时段（S 关断状态）

c) 调整开关管位置

图 4-62　反激变换器（忽略漏感）的等效电路

图 4-64 表示反激变换器在开关管 S 关断时的等效电路原理图。

$$u_{w2} = U_O \qquad u_{w2} = N_2 \frac{\mathrm{d}\Phi}{\mathrm{d}t} \qquad\qquad (4\text{-}66)$$

$$u_{w1} = \frac{N_1}{N_2} U_O \qquad u_{w1} = N_1 \frac{\mathrm{d}\Phi}{\mathrm{d}t} \qquad\qquad (4\text{-}67)$$

一次线圈电流逐渐减少，减少量（释能阶段）为

$$\Delta i_{L-} = \frac{N_1 U_O}{N_2 L} t_{off} = \frac{N_1 U_O}{N_2 L} (1 - \delta) T \qquad\qquad (4\text{-}68)$$

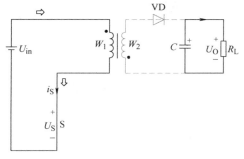

图 4-63　开关管 S 导通时的等效电路原理图

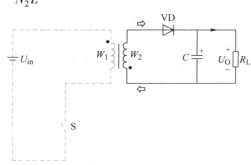

图 4-64　反激变换器在开关管 S
关断时的等效电路原理图

图 4-65 所示为反激电源电路主要电压、电流工作波形示意图。

由

$$\Delta i_{L+} = \Delta i_{L-} \tag{4-69}$$

即

$$\Delta i_{L+} = \frac{U_{in}}{L}\delta T = \Delta i_{L-} = \frac{N_1 U_O}{N_2 L}(1-\delta)T \tag{4-70}$$

输入输出电压关系为

$$U_O = \frac{N_2 t_{on}}{N_1 t_{off}}U_{in} = \frac{N_2}{N_1}\frac{\delta}{1-\delta}U_{in} \tag{4-71}$$

表达式(4-71)即为反激电源电路的通式,由于在开关关断时磁能变电量传至负载,称反激电源电路。反激电源电路的输出电压随负载减小而升高。在负载为零的极限情况下:

$$U_O \rightarrow \infty$$

将造成电路损坏,因此反激电源电路的负载不应该开路运行。

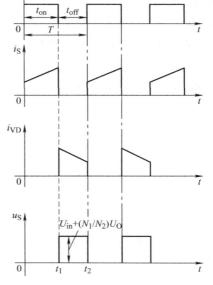

图 4-65 反激电源电路主要电压、电流工作波形示意图

(3)开关管 S 承受的最高电压:

$$u_S = U_{in} + \frac{N_1}{N_2}U_O \tag{4-72}$$

4.4.3.3 单端反激变换器拓扑

图 4-66 表示单端反激变换器的电路拓扑,其中变压器兼具储能电感的作用。

单端反激变换器中变压器的功能:

1)隔离、变压;

2)磁化电感相当于储能电感,即磁化电感在开关管开通时储能,开关管关断时将该部分储能发送给负载。

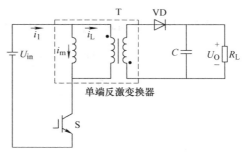

图 4-66 单端反激变换器的电路拓扑

反激变换器磁通与气隙关系表达式:

$$U_1 = N_1 \frac{d\Phi}{dt} = N_1 \frac{\Phi_m}{\delta T_s} \Rightarrow \Phi_m = \frac{U_1 \delta T_s}{N_1} \tag{4-73}$$

若 N_1、U_1、f_s 不变,则主磁通 Φ_m 不变,与气隙大小无关。

$$\left.\begin{array}{l}\varPhi_{\mathrm{m}}=\dfrac{U_1\delta T_{\mathrm{s}}}{N_1}\\[3mm]E_{\mathrm{chu}}=\dfrac{U_1^2\delta^2}{2L_{\mathrm{m}}f_{\mathrm{s}}^2}\end{array}\right\}\Rightarrow E_{\mathrm{chu}}=\dfrac{N_1^2\varPhi_{\mathrm{m}}^2}{2L_{\mathrm{m}}}=\dfrac{1}{2}\varPhi_{\mathrm{m}}^2R_{\mathrm{m}} \tag{4-74}$$

若 $\varPhi_{\mathrm{m}}$ 不变，则增加气隙以提高磁阻 R_{m}，将可提高反激变换器的变压器储能。不要错误地认为反激变换器的磁心必须有气隙，否则，反激变换器的变压器将会饱和。

$$\varPhi_{\mathrm{m}}=\frac{U_1\delta T_{\mathrm{s}}}{N_1} \tag{4-75}$$

分析表达式（4-75）可以看出，在 U_1、N_1、δ、f_{s} 不变时，反激变换器的主磁通也相同，即无论有没有气隙，磁心饱和程度将相同。所储能量的表达式为

$$E_{\mathrm{chu}}=\frac{1}{2}\varPhi_{\mathrm{m}}^2R_{\mathrm{m}} \tag{4-76}$$

反激变换器的磁心必须有气隙，是因为

（a）相同 $\varPhi_{\mathrm{m}}$ 时，有气隙时的储能远大于无气隙的。

（b）相同储能下，无气隙的要远大于有气隙的，会使得变压器严重饱和。

4.4.4 推挽电路

4.4.4.1 典型拓扑

图 4-67 表示推挽（Push – Pull）电路原理图，其中变压器是具有中间抽头的变压器。

1）一次绕组 W_{11} 和 W_{12}，匝数相等，均为 N_1。

2）二次绕组 W_{21} 和 W_{22}，匝数相等，均为 N_2。

3）开关管均采用 PWM 控制方式，且交替导通。

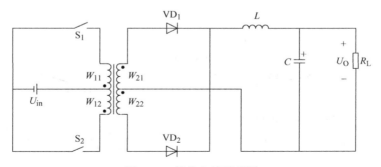

图 4-67　推挽电路原理图

4.4.4.2 电流连续工作数量关系

（1）$t_0 \sim t_1$ 时段（S_1 导通状态）

电感电流线性上升，增加量为

$$\Delta i_{L+} = \frac{\dfrac{N_2}{N_1}U_{in} - U_O}{L}t_{on} = \frac{\dfrac{N_2}{N_1}U_{in} - U_O}{L}\delta T \tag{4-77}$$

图 4-68 表示开关管 S_1 导通时推挽电路的等效电路原理图。

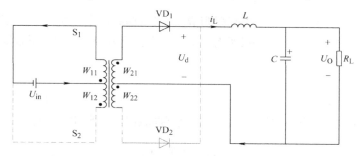

图 4-68　开关管 S_1 导通时推挽电路的等效电路原理图

图 4-69 表示推挽电路电流连续时主要电压、电流波形。

（2）$t_1 \sim t_2$ 时段（全关断状态）

电感电流线性减少，减少量为

$$\Delta i_{L-} = \frac{U_O}{L}\left(\frac{T}{2} - t_{on}\right) \tag{4-78}$$

图 4-70 表示开关管 S_1、S_2 全关断时推挽电路的等效电路原理图。

（3）$t_2 \sim t_3$ 时段（S_2 导通状态）

电感电流线性上升，增加量为

$$\Delta i_{L+} = \frac{\dfrac{N_2}{N_1}U_{in} - U_O}{L}t_{on} = \frac{\dfrac{N_2}{N_1}U_{in} - U_O}{L}\delta T \tag{4-79}$$

图 4-71 表示开关管 S_2 导通时推挽电路的等效电路原理图。

（4）$t_3 \sim t_4$ 时段（全关断状态）

电感电流线性减少，减少量

$$\Delta i_{L-} = \frac{U_O}{L}\left(\frac{T}{2} - t_{on}\right) \tag{4-80}$$

根据

$$\Delta i_{L+} = \Delta i_{L-} \tag{4-81}$$

即

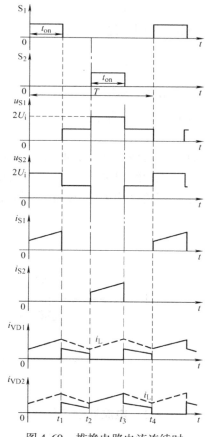

图 4-69　推挽电路电流连续时
主要电压、电流波形

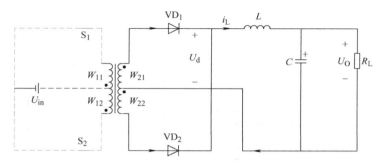

图 4-70　开关管 S_1、S_2 全关断时推挽电路的等效电路原理图

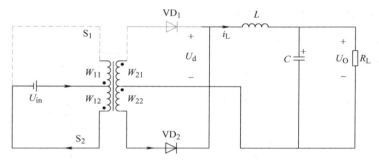

图 4-71　开关管 S_2 导通时推挽电路的等效电路原理图

$$\Delta i_{L+} = \frac{\dfrac{N_2}{N_1}U_{in} - U_O}{L}t_{on} = \Delta i_{L-} = \frac{U_O}{L}\left(\frac{T}{2} - t_{on}\right) \tag{4-82}$$

得到输入输出电压关系式

$$U_O = \frac{N_2}{N_1}\frac{2t_{on}}{T}U_{in} = \frac{N_2}{N_1}\delta' U_{in} \tag{4-83}$$

表达式(4-83) 即为推挽电路输出电压的通式。必须避免开关同时导通，各自的占空比不能超过 50%，并且要留有死区，即

$$\delta' = \frac{2t_{on}}{T} < 1 \tag{4-84}$$

4.4.5　半桥电路

4.4.5.1　典型拓扑

图 4-72 表示半桥（Half-Bridge）电路原理图，开关管 S_1 和 S_2 构成一个桥臂，均采用 PWM 控制方式，且交替导通。变压器是具有中间抽头的变压器，一次绕组 W_1，匝数 N_1；二次绕组 W_{21} 和 W_{22} 匝数相等，均为 N_2。两个容量相等的电容和构成一个桥臂，由于电容的容量大，故电容电压

$$U_{C1} = U_{C2} = \frac{U_{in}}{2} \tag{4-85}$$

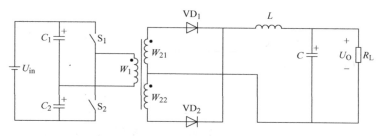

图 4-72 半桥电路原理图

4.4.5.2 电流连续工作数量关系

图 4-73 所示为半桥电路电流连续时主要电压、电流波形。

（1） $t_0 \sim t_1$ 时段（ S_1 导通状态）

图 4-74 表示半桥开关管 S_1 导通时半桥电路的等效电路原理图。

电感电流线性上升，增加量

$$\Delta i_{L+} = \frac{\dfrac{N_2}{N_1}\dfrac{U_{in}}{2} - U_O}{L} t_{on} = \frac{\dfrac{N_2}{N_1}\dfrac{U_{in}}{2} - U_O}{L} DT \tag{4-86}$$

（2） $t_1 \sim t_2$ 时段（全关断状态）

图 4-75 表示开关管 S_1、S_2 全关断时半桥电路的等效电路原理图。

电感电流线性减少，减少量为

$$\Delta i_{L-} = \frac{U_O}{L}\left(\frac{T}{2} - t_{on}\right) \tag{4-87}$$

（3） $t_2 \sim t_3$ 时段（ S_2 导通状态）

图 4-76 表示开关管 S_2 导通时半桥电路的等效电路原理图。

电感电流线性上升，增加量为

$$\Delta i_{L+} = \frac{\dfrac{N_2}{N_1}\dfrac{U_{in}}{2} - U_O}{L} t_{on} = \frac{\dfrac{N_2}{N_1}\dfrac{U_{in}}{2} - U_O}{L} \delta T \tag{4-88}$$

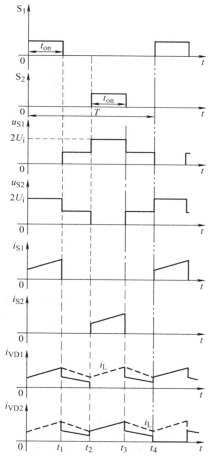

图 4-73 半桥电路电流连续时
主要电压、电流波形

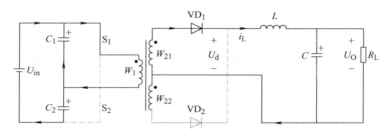

图 4-74 开关管 S_1 导通时半桥电路的等效电路原理图

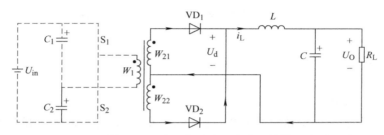

图 4-75 开关管 S_1、S_2 全关断时半桥电路的等效电路原理图

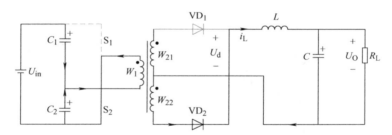

图 4-76 开关管 S_2 导通时半桥电路的等效电路原理图

（4）$t_3 \sim t_4$ 时段（全关断状态）

电感电流线性减少，减少量为

$$\Delta i_{L-} = \frac{U_O}{L}\left(\frac{T}{2} - t_{on}\right) \tag{4-89}$$

（5）输入输出电压关系

由

$$\Delta i_{L+} = \Delta i_{L-} \tag{4-90}$$

即

$$\Delta i_{L+} = \frac{\dfrac{N_2}{N_1}\dfrac{U_{in}}{2} - U_O}{L} t_{on} = \Delta i_{L-} = \frac{U_O}{L}\left(\frac{T}{2} - t_{on}\right) \tag{4-91}$$

推导可得半桥电路输出电压的表达式

$$U_O = \frac{N_2}{N_1} \frac{2t_{on}}{T} \left(\frac{1}{2} U_{in} \right) = \frac{1}{2} \frac{N_2}{N_1} \delta' U_{in} \qquad (4\text{-}92)$$

表达式（4-92）即为半桥电路输出电压的通式，必须避免开关同时导通，各自的占空比不能超过50%，并且要留有死区，即

$$\delta' = \frac{2t_{on}}{T} < 1 \qquad (4\text{-}93)$$

需要提醒的是，半桥变换器并不存在上下电路不对称引起的直流偏磁，其原因在于：两个电容连接点的电位会随着 S_1 和 S_2 的导通情况而浮动，从而能自动地平衡变压器两端的伏秒值。所以，半桥变换器不会出现直流偏磁引起的单方向逐渐饱和。

4.4.6 全桥电路

4.4.6.1 典型拓扑

图4-77表示一种全桥（Full-Bridge Converter）电路原理图，开关管 $S_1 \sim S_4$ 构成两个桥臂，均采用 PWM 控制方式，且交替导通，其中变压器带中心抽头。

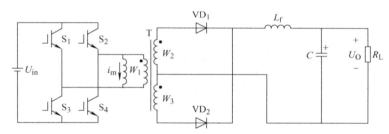

图4-77 全桥电路原理图

（1）一次绕组的匝数 N_1，二次绕组匝数 N_2 和/N_3。
（2）开关 S_1 和开关 S_2、S_3、S_4 分别构成一个桥臂。
（3）开关均采用 PWM 控制方式。
（4）互为对角的两个开关 S_1、S_4 和 S_2、S_3 同时导通。
（5）而同一桥臂上下两开关交替导通。
其中

$$k = \frac{N_1}{N_2} = \frac{N_1}{N_3} \qquad (4\text{-}94)$$

图4-78 表示另外一种全桥电路原理图。

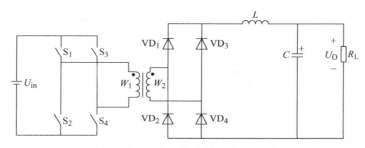

图 4-78　另外一种全桥电路原理图

4.4.6.2　电流连续工作数量关系

（1）$t_0 \sim t_1$ 时段（S_1、S_4 导通状态）

图 4-79 表示开关 S_1、S_4 导通时全桥电路原理图。

电感电流线性上升，增加量为

$$\Delta i_{L+} = \frac{\dfrac{N_2}{N_1}U_{in} - U_O}{L}t_{on} = \frac{\dfrac{N_2}{N_1}U_{in} - U_O}{L}\delta T \tag{4-95}$$

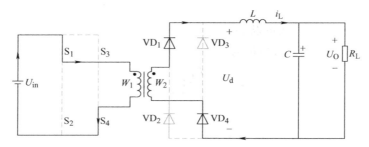

图 4-79　开关 S_1、S_4 导通时全桥电路原理图

（2）$t_1 \sim t_2$ 时段（全关断状态）

图 4-80 表示开关管 S_1、S_2、S_3、S_4 全关断时全桥电路原理图。

电感电流线性减少，减少量为

$$\Delta i_{L-} = \frac{U_O}{L}\left(\frac{T}{2} - t_{on}\right) \tag{4-96}$$

（3）$t_2 \sim t_3$ 时段（S_2、S_3 导通状态）

图 4-81 表示开关 S_2、S_3 导通时全桥电路原理图。

电感电流线性上升，增加量为

$$\Delta i_{L+} = \frac{\dfrac{N_2}{N_1}U_{in} - U_O}{L}t_{on} = \frac{\dfrac{N_2}{N_1}U_{in} - U_O}{L}\delta T \tag{4-97}$$

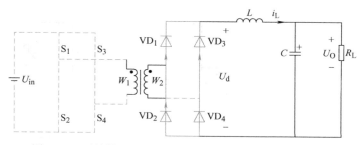

图 4-80 开关管 S_1、S_2、S_3、S_4 全关断时全桥电路原理图

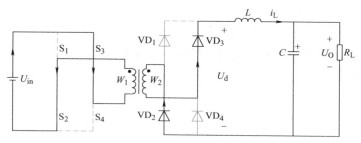

图 4-81 开关 S_2、S_3 导通时全桥电路原理图

（4）$t_3 \sim t_4$ 时段（全关断状态）

电感电流线性减少，减少量为

$$\Delta i_{L-} = \frac{U_O}{L}\left(\frac{T}{2} - t_{on}\right) \tag{4-98}$$

（5）输入输出电压关系

由

$$\Delta i_{L+} = \Delta i_{L-} \tag{4-99}$$

即

$$\Delta i_{L+} = \frac{\dfrac{N_2}{N_1}\dfrac{U_{in}}{2} - U_O}{L}t_{on} = \Delta i_{L-} = \frac{U_O}{L}\left(\frac{T}{2} - t_{on}\right) \tag{4-100}$$

推导可得输出电压的表达式为

$$U_O = \frac{N_2}{N_1}\frac{2t_{on}}{T}U_{in} = \frac{N_2}{N_1}\delta' U_{in} \tag{4-101}$$

表达式（4-101）即为全桥电路输出电压的通式。必须避免开关同时导通，各自的占空比不能超过 50%，并且要留有死区，即

$$\delta' = \frac{2t_{on}}{T} < 1 \tag{4-102}$$

图 4-82 表示全桥电路电流连续时主要电压、电流波形。

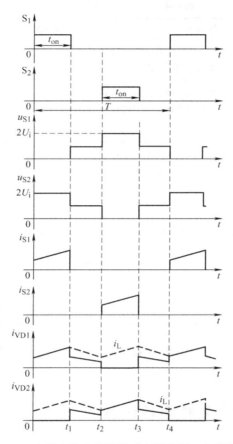

图 4-82　全桥电路电流连续时主要电压、电流波形

　　需要提醒的是，与半桥不同，全桥变换器存在上下电路不对称引起的直流偏磁问题。现将单端、双管正激、推挽、半桥和全桥几种典型变换器小结于表 4-3 中。

表 4-3　几种典型变换器对比

比较内容	电路型式				
	单端	双管正激	推挽	半桥	全桥
开关管关断时承受的最高电压 U_S	一般 $>2U_{in}$	U_{in}	$2U_{in}$	U_{in}	U_{in}
开关管导通时的最大电流 I_S	可能 $>2I_{in}$	可能 $>2I_{in}$	I_{in}	$2I_{in}$	I_{in}
最大功率	一般 $<0.25U_SI_S$	可能 $<0.5U_SI_S$	$0.5U_SI_S$	$0.5U_SI_S$	U_SI_S
开关管数量	1	2	2	2	4

　　现将正激、反激、全桥、半桥、推挽几种典型变换器小结于表 4-4 中。

表 4-4　几种典型变换器对比

拓扑结构	电路优缺点	功率范围	应用领域
正激	电路较简单、成本低、可靠性高、驱动电路简单；变压器单向励磁、利用率低	几百瓦~几千瓦	各种中、小功率电源
反激	电路非常简单、成本很低、可靠性高、驱动电路简单；难以达到较大的功率、变压器单向励磁、利用率低	几瓦~几十瓦小功率	电子设备、计算机设备、消费电子设备电源
全桥	变压器双向励磁，容易达到大功率；结构复杂、成本高、有直通问题、可靠性低、需要复杂的多组隔离驱动电路	几百瓦~几百千瓦	大功率工业用电源、焊接电源、电解电源等
半桥	变压器双向励磁，没有变压器偏磁问题、开关较少、成本低；有直通问题、可靠性低、需要复杂的隔离驱动电路	几百瓦~几千瓦	各种工业用电源、计算机电源等
推挽	变压器双向激磁、变压器一次侧电流回路中只有一个开关、通态损耗较小、驱动简单；有偏磁问题	几百瓦~几千瓦	低输入电压的电源

需要提醒：上述拓扑中，如果不采取相应措施，有且仅有半桥拓扑结构中的变压器不存在磁心饱和的问题！

4.5　直流斩波装置建模示例设计

4.5.1　半桥 DC/DC 变换器建模示例分析

建立直流半桥 DC/DC 变换电路的 MATLAB/Simulink 模型，如图 4-83 所示。输入直流电压为 450V，占空比为 0.9（对应 Discrete PWMGenerator2 pulses 的 m 为 0.9），负载为 2Ω，滤波电感为 3.5mH，输出电压为 360V，直流电源 E_a 为 205V，输出电流为 100A。

通过仿真可以验证输入电压与输出电压、电流的关系如下：

$$U_O = DU_{dc} = 0.9 \times 450V = 405V$$

$$I_O = \frac{(405V - 205V)}{2\Omega} = 100A$$

图 4-84 所示为直流半桥 DC/DC 变换电路的仿真模型。

现将建模过程简述如下：

（1）直流电压源模块的调取，选择 Simscape/Electrical/Specialized Power Systems/Fundamental Blocks/Electrical Source 模块库，选择 DC Voltage Source

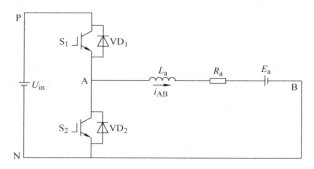

图 4-83　直流半桥 DC/DC 变换电路示意图

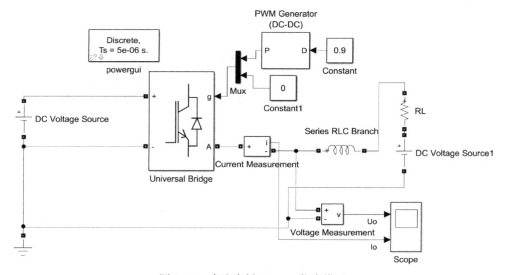

图 4-84　直流半桥 DC/DC 仿真模型

模块，输入直流电压和直流电源 E_a 参数设置，分别如图 4-85 和图 4-86 所示。

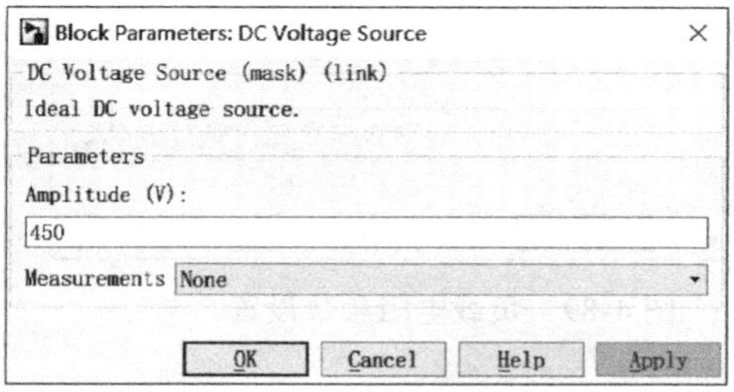

图 4-85　输入直流电压参数设置 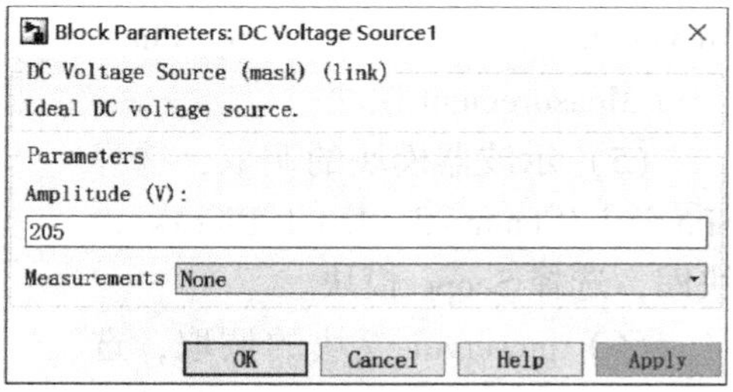　　　　图 4-86　直流电源 E_a 参数设置

（2）通用电桥模块的调取，选择 Simscape/Electrical/Specialized Power Systems/ Fundamental Blocks/Power Electronics 模块库，选择 Universal Bridge 模块，其参数设置如图 4-87 所示。

（3）电阻电感电容模块的调取，选择 Simscape/Electrical/Specialized Power Systems/Fundamental Blocks/Elements 模块库，选择 Series RLC Branch 模块，滤波电感和负载电阻参数设置，分别如图 4-88 和图 4-89 所示。

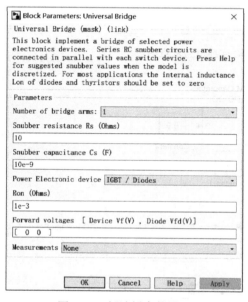

图 4-87 斩波桥参数设置

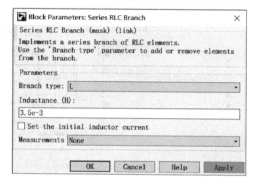

图 4-88 滤波电感参数设置

（4）电压电流测量模块的调取，选择 Simscape/Electrical/Specialized Power Systems/Fundamental Blocks/Measurements 模块库，选择 Voltage Measurement 模块、Current Measurement 模块和 Three-Phase V‑I Measurement 模块。

（5）示波器模块的调取，选择 Simulink/Commonly Used Blocks 模块库，选择 Scope 模块。

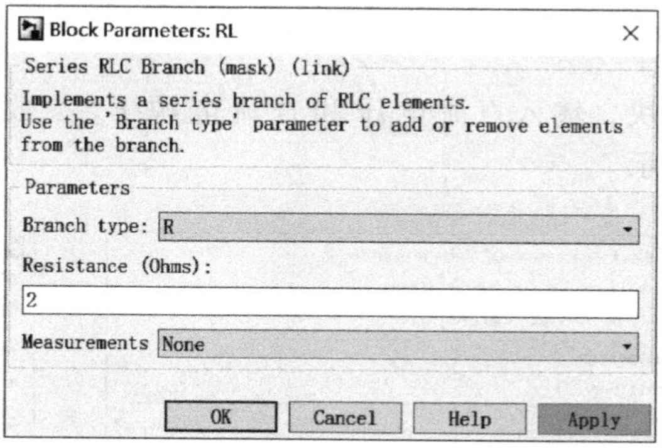

（6）powergui 模块的调取，选

图 4-89 负载电阻参数设置

择 Simscape/Electrical/Specialized Power Systems/Fundamental Blocks 模块库，选择 powergui 模块，其参数设置如图 4-90 所示。

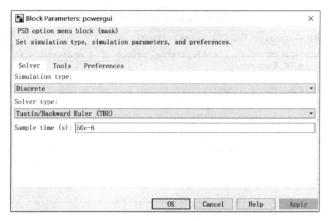

图 4-90　powergui 参数设置

（7）Constant 模块的调取，选择 Simulink/Commonly Used Blocks 模块库，选择 Constant 模块，占空比参数设置如图 4-91 所示。

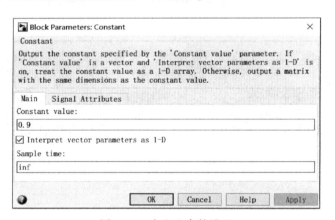

图 4-91　占空比参数设置

（8）Mux 模块的调取，选择 Simulink/Signal Routing 模块库，选择 Mux 模块，其参数设置如图 4-92 所示。

（9）PWM 发生器模块的调取，选择 Simscape/Electrical/Specialized Power Systems/Control & measurements/Pulse & Signal Generators 模块库，选择 PWM Generator（DC/DC）模块，其参数设置如图 4-93 所示。

图 4-94 表示直流半桥 DC/DC 仿真模型波形图。

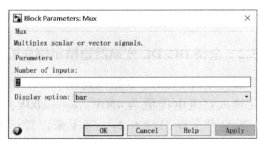

图 4-92　Mux 模块参数设置

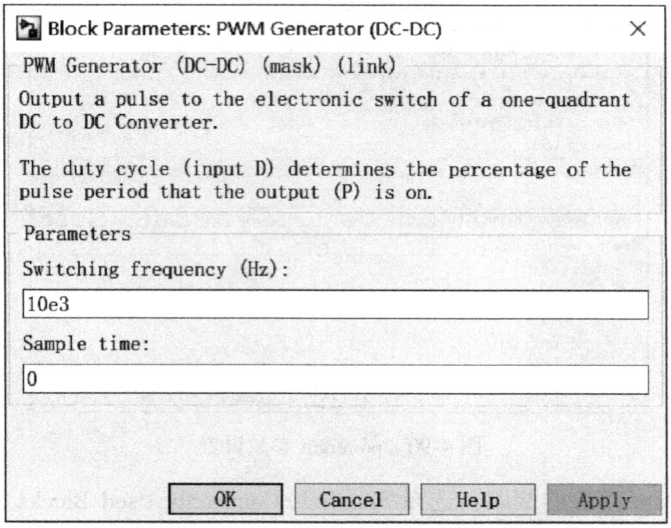

Block Parameters: PWM Generator (DC-DC) ×

PWM Generator (DC-DC) (mask) (link)

Output a pulse to the electronic switch of a one-quadrant DC to DC Converter.

The duty cycle (input D) determines the percentage of the pulse period that the output (P) is on.

Parameters

Switching frequency (Hz):

10e3

Sample time:

0

OK   Cancel   Help   Apply

图 4-93   PWM Generator (DC/DC) 模块参数设置

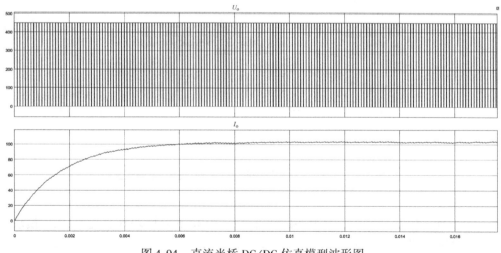

图 4-94   直流半桥 DC/DC 仿真模型波形图

4.5.2   全桥 DC/DC 变换器建模示例分析

建立全桥 DC/DC 变换电路的 MATLAB/Simulink 仿真模型，如图 4-95 所示。设定输入直流电压值为 450V，E_a = 200V，管子 S_1 和 S_4 导通 3s；接下来，管子 $S_1 \sim S_4$ 全部关断持续 0.2s；接下来，管子 S_2 和 S_3 导通 3s，三角载波频率 f_S = (1/6.4) Hz，滤波电感为 3.5mH，负载电阻为 10Ω。

输入电压与输出电压、电流的关系如下：

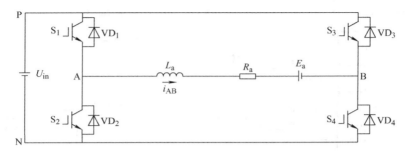

图 4-95　直流全桥 DC/DC 变换电路

（1）S_1 和 S_4 导通时，电流为

$$I_o = \frac{U_O - E_o}{R} = \frac{450\text{V} - 200\text{V}}{10\Omega} = 25\text{A}$$

（2）S_2 和 S_3 导通时，电流为

$$I_o = \frac{-U_O - E_o}{R} = \frac{-450\text{V} - 200\text{V}}{10\Omega} = -65\text{A}$$

图 4-96 所示为直流全桥 DC/DC 变换电路的仿真模型。

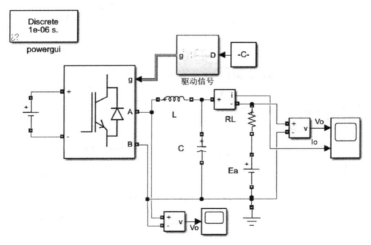

图 4-96　直流全桥 DC/DC 变换电路仿真模型

图 4-97 所示为直流全桥 DC/DC 变换电路的驱动电路仿真模型。

现将建模过程简述如下：

（1）直流电压源模块的调取，选择 Simscape/Electrical/Specialized Power Systems/Fundamental Blocks/Electrical Source 模块库，选择 DC Voltage Source 模块，输入直流电压和反电动势参数设置如图 4-98 和图 4-99 所示。

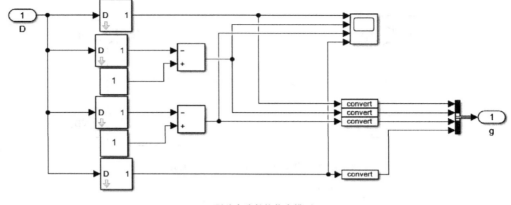

a) 驱动电路整体仿真模型

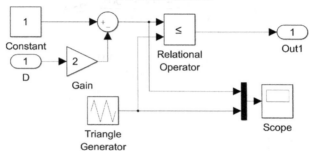

b) 开关管1、4驱动电路子模块仿真模型

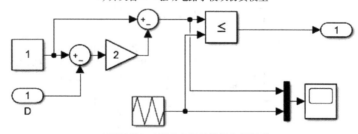

c) 开关管2、3驱动电路子模块仿真模型

图 4-97 直流全桥 DC/DC 变换电路的驱动电路仿真模型

图 4-98 输入直流电压参数设置

图 4-99 反电动势参数设置

（2）通用电桥模块的调取，选择 Simscape/Electrical/Specialized Power Systems/Fundamental Blocks/Power Electronics 模块库，选择 Universal Bridge 模块。其参数设置如图 4-100 所示。

（3）电阻电感电容模块的调取，选择 Simscape/Electrical/Specialized Power Systems/Fundamental Blocks/Elements 模块库，选择 Series RLC Branch 模块。滤波电感、滤波电容和负载电阻参数设置分别如图 4-101、图 4-102 和图 4-103 所示。

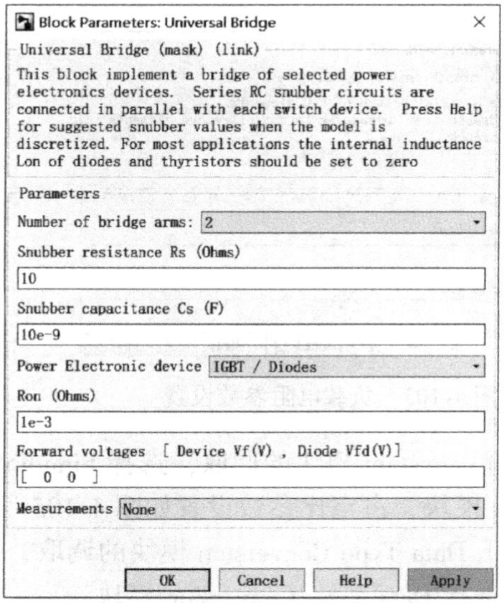

图 4-100　单相全桥参数设置

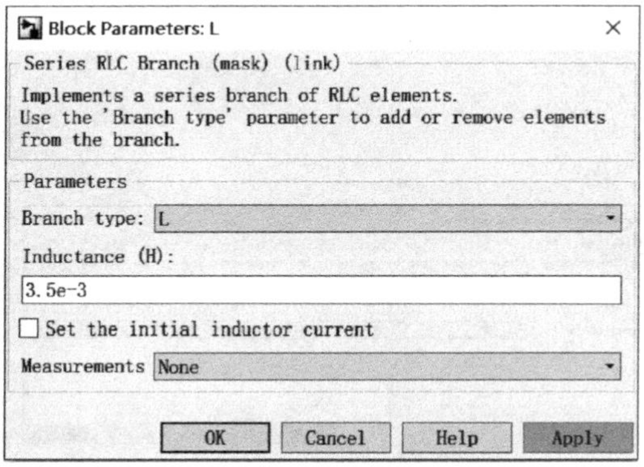

图 4-101　滤波电感参数设置

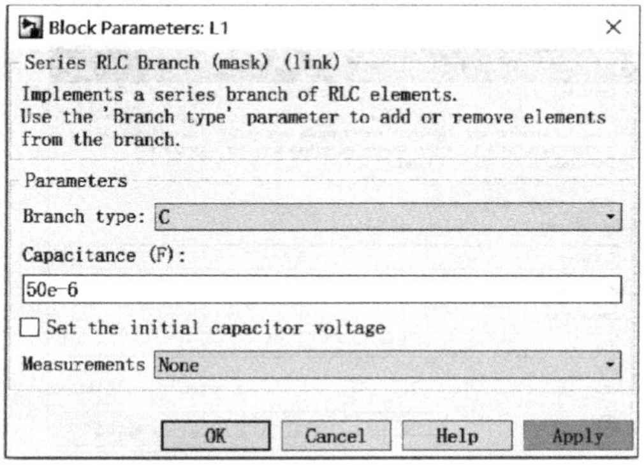

图 4-102　滤波电容参数设置

（4）电压电流测量模块的调取，选择 Simscape/Electrical/Specialized Power Systems/Fundamental Blocks/Measurements 模块库，选择 Voltage Measurement 模块和 Current Measurement 模块。

（5）示波器模块的调取，选择 Simulink/Commonly Used Blocks 模块库，选择 Scope 模块。

（6）powergui 模块的调取，选择 Simscape/Electrical/Specialized Power Systems/Fundamental Blocks 模块库，选择 powergui 模块，其参数设置如图 4-104 所示。

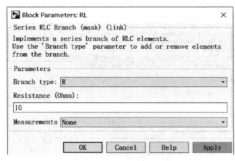

图 4-103 负载电阻参数设置   图 4-104 powergui 参数设置

（7）Constant 模块的调取，选择 Simulink/Commonly Used Blocks 模块库，选择 Constant 模块，占空比参数设置如图 4-105 所示（3/3.2＝0.9375）。

（8）Data Type Conversion 模块的调取，选择 Simulink/Commonly Used Blocks 模块库，选择 Data Type Conversion 模块。

（9）Relational Operator 模块的调取，选择 Simulink/Commonly Used Blocks 模块库，选择 Relational Operator 模块，其参数设置如图 4-106 所示。

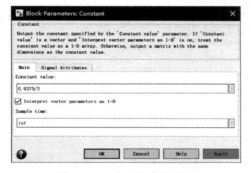

图 4-105 占空比参数设置   图 4-106 Relational Operator 模块参数设置

（10）Triangle Generator 模块的调取，选择 Simscape/Electrical/Specialized Power Systems/Control & Measurements/Pulse & Signal Generators 模块库，选择 Triangle Generator 模块，其参数设置如图 4-107 所示。

（11）Gain 模块的调取，选择 Simulink/Commonly Used Blocks 模块库，选择 Gain 模块，其参数设置如图 4-108 所示。

（12）Add 和 Sum 模块的调取，选择 Simulink/Math Operations 模块库，选择 Add 模块和 Sum 模块。

图 4-109 所示为直流全桥 DC/DC 仿真模型波形图。

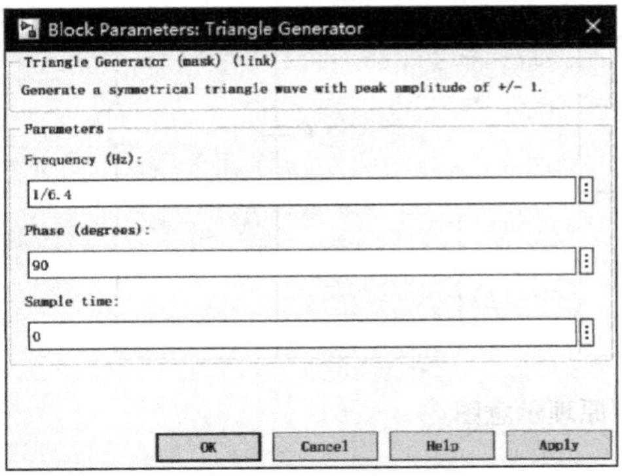

图 4-107 Triangle Generator 模块参数设置

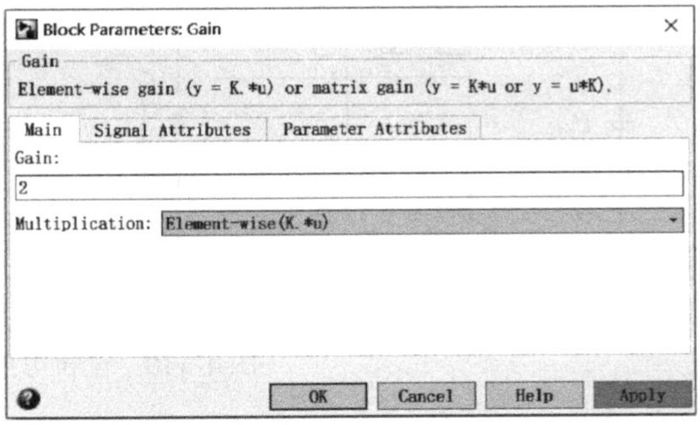

图 4-108 Gain 模块参数设置

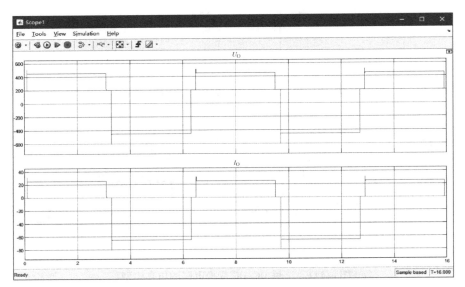

图 4-109 直流全桥 DC/DC 仿真模型波形图

4.5.3 全桥 + PID 建模示例分析

建立全桥 DC/DC 变换电路的 MATLAB/Simulink 模型，如图 4-110 所示，将 220V 的交流电压经不控 H 桥整流和电容滤波后成直流电压，该直流电压作为全桥 DC/DC 的输入电压。采用电压闭环控制法，采集输出电压 U_O，与给定电压值相减，差值再做 PI 调节，得到指令信号与三角波或者锯齿波做比较，控制 PWM 波的输出，从而控制开关管的状态。模型中支撑电容 6800μF，负载为纯电阻负载 $R = 10\Omega$，滤波电感 L 为 3mH，滤波电容 C 为 1000μF，变压器电压比为 220/50/50，输出电压 U_O 为 48V，输出电流 I_O 为 50A。$K_P = 0.01$，$K_I = 0.5$，斩波频率为 16kHz。

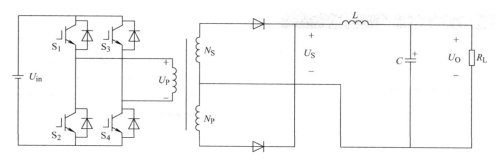

图 4-110　全桥电路模型原理示意图

分析：

全桥变换电路的输出电压 U_O：

$$\begin{cases} U_O = 2U_S\left(\dfrac{N_S}{N_P}\right)\delta \\ \delta = \dfrac{t_{on}}{T} \end{cases}$$

图 4-111 所示为全桥 DC/DC 变换电路的仿真模型。

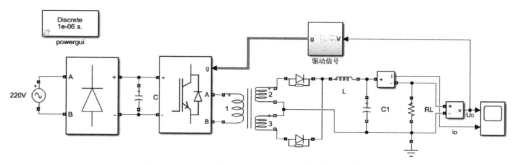

图 4-111　全桥 DC/DC 变换电路的仿真模型

图 4-112 所示为全桥 DC/DC 变换电路的驱动电路仿真模型。

现将建模过程简述如下：

（1）交流电压源模块的调取，选择 Simscape/Electrical/Specialized Power Systems/Fundamental Blocks/Electrical Source 模块库，选择 AC Voltage Source 模块，输入交流电压源参数设置如图 4-113 所示。

（2）通用电桥模块的调取，选择 Simscape/Electrical/Specialized Power Systems/Fundamental Blocks/Power Electronics 模块库，选择 Universal Bridge 模块，不控整流桥和单相逆变桥参数设置分别如图 4-114 和图 4-115 所示。

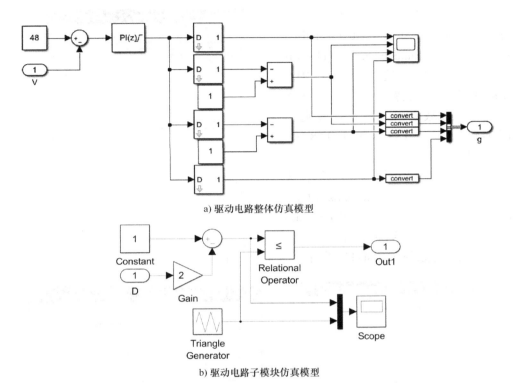

a) 驱动电路整体仿真模型

b) 驱动电路子模块仿真模型

图 4-112　全桥 DC/DC 变换电路的驱动电路仿真模型

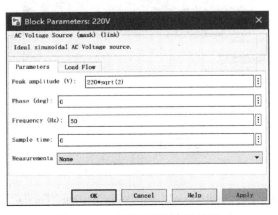

图 4-113　交流电压源参数设置　　　　　图 4-114　不控整流桥参数设置

（3）电阻电感电容模块的调取，选择 Simscape/Electrical/Specialized Power Systems/Fundamental Blocks/Elements 模块库，选择 Series RLC Branch 模块，支撑电容、滤波电感和电容、负载电阻参数设置分别如图 4-116、图 4-117、图 4-118 和图 4-119 所示。

（4）单相变压器模块的调取，选择 Simscape/Electrical/Specialized Power Systems/Fundamental Blocks/Elements 模块库，选择 Linear Transformer 模块，其参数设置如图 4-120 所示。

图 4-115　单相逆变桥参数设置

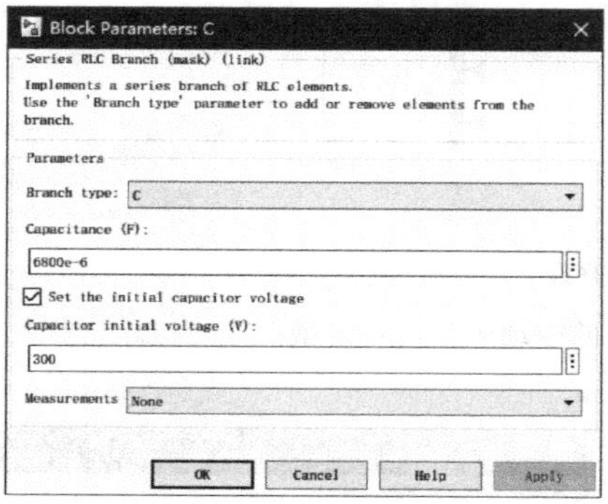

图 4-116　支撑电容参数设置

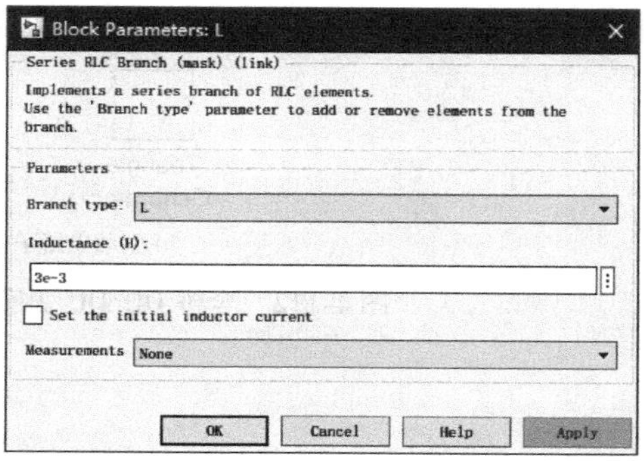

图 4-117　滤波电感参数设置

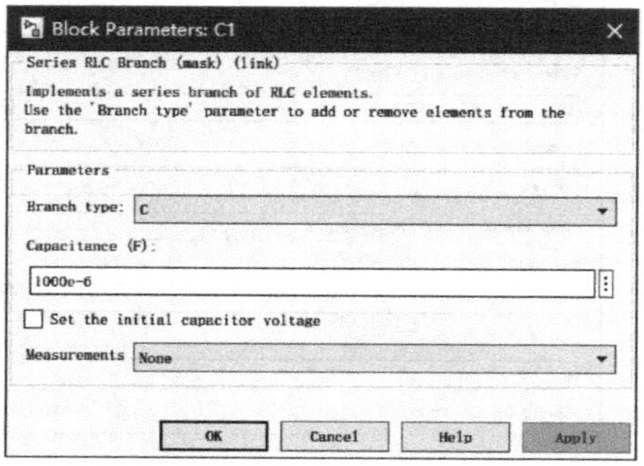

图 4-118　滤波电容参数设置

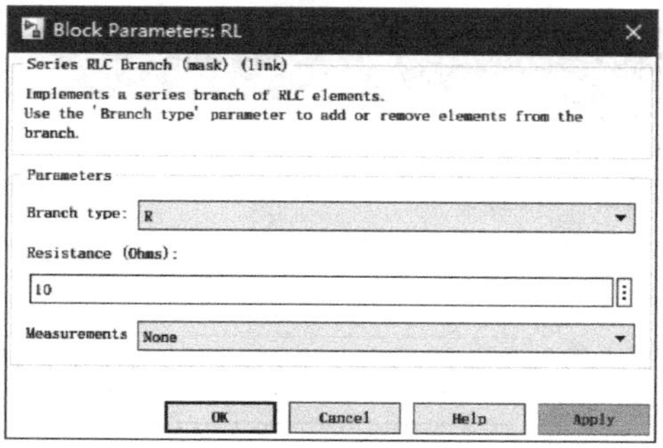

图 4-119　负载电阻参数设置

（5）二极管模块的调取，选择 Simscape/Electrical/Specialized Power Systems/Fundamental Blocks/Power Electronics 模块库，选择 Diode 模块，其参数设置如图 4-121 所示。

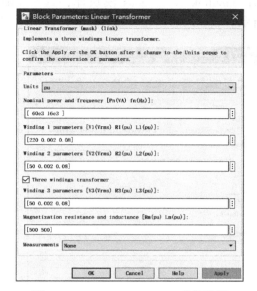

图 4-120　Linear Transformer 参数设置　　　图 4-121　二极管参数设置

（6）电压电流测量模块的调取，选择 Simscape/Electrical/Specialized Power Systems/Fundamental Blocks/Measurements 模块库，选择 Voltage Measurement 模块和 Current Measurement 模块。

（7）Ground 模块的调取，选择 Simscape/Electrical/Specialized Power Systems/Fundamental Blocks/Elements 模块库，选择 Ground 模块。

（8）示波器模块的调取，选择 Simulink/Commonly Used Blocks 模块库，选择 Scope 模块。

（9）powergui 模块的调取，选择 Simscape/Electrical/Specialized Power Systems/Fundamental Blocks 模块库，选择 powergui 模块，其参数设置如图 4-122 所示。

（10）Constant 模块的调取，选择 Simulink/Commonly Used Blocks 模块库，选择 Constant 模块，其参数设置如图 4-123 所示。

图 4-122　powergui 参数设置

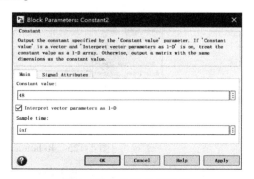

图 4-123　参考电压设置

（11）PID 控制器模块的调取，选择 Simulink/Continuous 模块库，选择 PID Controller 模块，其参数设置如图 4-124 所示。

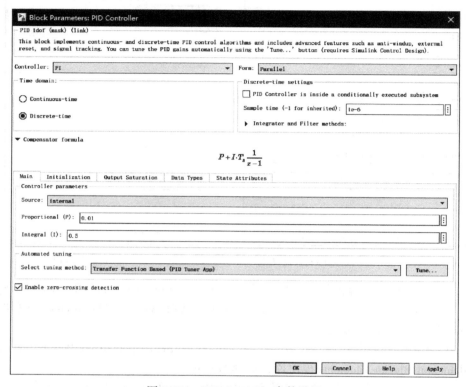

图 4-124　PID Controller 参数设置

（12）Data Type Conversion 模块的调取，选择 Simulink/Commonly Used Blocks 模块库，选择 Data Type Conversion 模块。

（13）Relational Operator 模块的调取，选择 Simulink/Commonly Used Blocks 模块库，选择 Relational Operator 模块，其参数设置如图 4-125 所示。

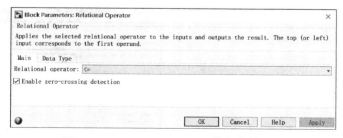

图 4-125　Relational Operator 模块参数设置

（14）Triangle Generator 模块的调取，选择 Simscape/Electrical/Specialized Power

Systems/Control & Measurements/Pulse & Signal Generators 模块库，选择 Triangle Generator 模块，其参数设置如图 4-126 所示。

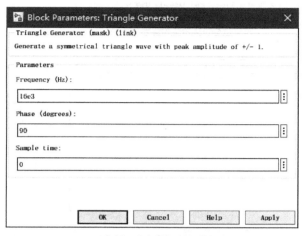

图 4-126　Triangle Generator 模块参数设置

（15）Gain 模块的调取，选择 Simulink/Commonly Used Blocks 模块库，选择 Gain 模块，其参数设置如图 4-127 所示。

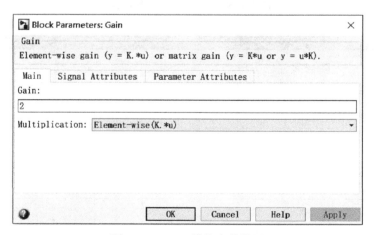

图 4-127　Gain 模块参数设置

（16）Add 和 Sum 模块的调取，选择 Simulink/Math Operations 模块库，选择 Add 模块和 Sum 模块。

（17）Bus Creator 模块的调取，选择 Simulink/Signal Routing 模块库，选择 Bus Creator 模块，其参数设置如图 4-128 所示。

图 4-129 表示全桥 DC/DC 变换电路的仿真波形图。

图 4-128　Bus Creator 参数设置

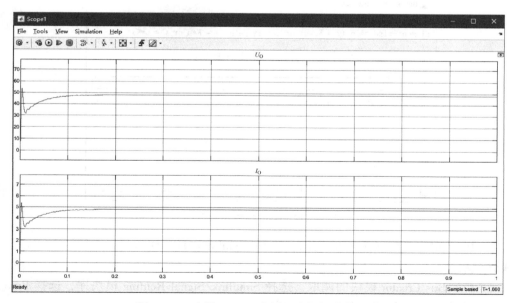

图 4-129　全桥 DC/DC 变换电路的仿真波形图